일본 유명 도넛 전문점의 대표 레시피와 가게 창업기

도넛북

The Donut Book

시바타쇼텐 엮음 김유미 옮김

시그마북스
Sigma Books

정 가운데 구멍이 뚫린 귀여운 모양. 달콤하고 촉촉하고 진한 풍미. 형형색색의 토핑. 아무리 생각해도 도넛만큼 사랑스러운 디저트가 좀처럼 떠오르지 않습니다.

1970년, 미국의 글로벌 도넛 체인이 상륙하면서 처음으로 일본에 도넛 열풍이 불기 시작했습니다. 그 후 약 10년마다 다양한 스타일의 도넛이 등장하며 붐을 일으켜 서서히 자리 잡아갔지요.

요즈음에는 지금껏 없던 새로운 콘셉트의 도넛을 개발하는 데 열중인 가게가 늘고 있습니다. 수제 도넛을 판매하는 찻집과 카페, 커피 전문점도 많아졌을 뿐만 아니라, 베이커리와 파티스리 등 여러 장르의 식음료점에서 공들여 도넛을 만들어 판매하는 것을 볼 수 있습니다. 한마디로 지금의 일본은 각양각색의 도넛을 맛볼 수 있는 도넛 전성시대라 해도 과언이 아닙니다.

이 책에 도넛 전문점과 베이커리와 파티스리의 노하우, 현재 일본 도넛 시장의 모습을 일목요연하게 담았습니다.

도넛의 세계는 좁은듯하지만, 놀랄 만큼 다채롭습니다. 도넛 북이 유일무이한 나만의 도넛을 만드는 데 값진 밑거름이 되기를 진심으로 바랍니다.

차 례

CHAPTER2
베이커리 & 파티스리의 스페셜 도넛

CHAPTER3
튀김빵 반죽 알아보기

도넛의 종류

도넛은 팽창제와 재료, 반죽 만드는 법에 따라 크게 나눌 수 있다.
공정과 반죽의 식감은 종류에 따라 차이가 크다.

이스트 도넛
YEAST DONUT

이스트 효모의 활동으로 반죽 속에 생긴 기포가, 튀길 때 가해지는 열에 따라 팽창해 반죽이 전체적으로 부풀어 오르는 도넛이다. 빵 반죽과 재료, 만드는 방법이 동일하다. 식감은 폭신하고 부드러운 것부터 쫄깃하고 묵직한 것까지 다양하다. 보통 링 모양으로 만들지만 프랑스식 베녜와 하와이의 말라사다 등 모양이 둥근 도넛도 있다. 둥근 모양은 속에 잼이나 크림을 채워 변형의 폭을 넓힐 수 있다. 필링을 연구하면 고부가가치 상품으로도 개발이 가능하다. 그중에서 베스트셀러는 크림류를 채운 도넛이다.

케이크 도넛
CAKE DONUT

올드패션이라고도 불리는 친숙한 옛날 느낌 도넛이다. 표면은 마르고 바삭하지만, 속은 촉촉한 것이 특징이다. 주로 베이킹파우더를 사용한다. 핫케이크처럼 밀가루, 달걀, 유제품이나 두유 등을 섞은 후 마지막에 액체 상태의 식물성 유지와 녹인 버터를 더해 반죽하는 방법이 일반적이다. 베이킹파우더의 작용에 따라 부풀어 오를 뿐만 아니라 반죽 속의 수분이 고온에서 가열되어 수증기로 변하며 반죽을 팽창시킨다. 보통 튀기거나 링 모양의 틀을 사용하는 베이크 도넛 또는 스팀 도넛 방식으로 만든다.

슈 도넛

CHOUX DONUT

슈크림 껍질처럼 익반죽한 반죽을 튀겨서 만든 도넛. 이스트나 베이킹파우더를 넣지 않고 반죽 속 수분이 열에 따라 팽창하는 힘으로 부풀린다. 표면은 빵의 크러스트 부분같이 얇고 가벼우며 속은 촉촉하고 부드러운 것이 특징이다. 프렌치크룰러라 불리는 도넛도 슈 도넛의 일종이다.

그 밖에 도넛

OTHER DONUT

데니쉬 도넛

버터를 발효 반죽에 켜켜이 끼워 넣어 데니쉬 반죽을 만든 후 튀긴 것이다. 크루아상 도넛이란 이름으로 유행했다.

글루텐프리 도넛

시대의 흐름에 맞추어 밀가루 대신 쌀가루나 옥수수가루(폴렌타 가루) 등을 사용하는 가게가 등장했다.

비건 도넛

식물성 재료만으로 만든 비건 도넛은 판매하는 매장이 많지 않으나 확실한 수요층이 있다. 그러나 모두의 입맛을 사로잡기 위해서는 연구와 기술이 필요하다.

생도넛

부드럽고 폭신한 고가수(高加水) 반죽으로 만든 도넛을 지칭한다. 도넛 전문점 'I'm donut?'(p.114~120)에서 대표 상품에 생도넛이란 이름을 붙이면서 유명해지기 시작했다. 이곳의 도넛은 구운 호박을 넣은 고가수 브리오슈 반죽을 높은 온도에서 빠르게 튀겨 특유의 식감을 만들어낸 것이 특징이다. 생도넛의 레시피 개발에는 'I'm donut?'의 오너 히라코 료타 셰프 이외에 '팽스톡'(p.140~141)의 오너 셰프 히라야마 테츠오, 당시 팽스톡의 직원이자 현 'KISO'(p.122~125)의 오너 셰프인 가토 코헤이가 참여했다.

도넛의 주재료

원하는 식감과 맛을 내기 위해 도넛 반죽에는 다양한 재료가 사용된다.
주로 쓰이는 대표 재료에 대해 알아보자.

밀가루

FLOUR

이스트 도넛은 보통 강력분으로 만들지만, 박력분을 섞는 가게도 있다. 제빵과 마찬가지로 추구하는 맛과 식감, 볼륨감에 맞추어 밀가루를 선택하는 것이 중요하다. 또한 밀가루의 브랜드별로 특징을 살릴 수 있는 반죽법 연구가 필요하다. 글루텐의 성질을 최대한 살려 쫄깃한 식감으로 만들지, 아니면 글루텐을 억제하고 볼륨감을 낮춤으로써 묵직한 식감으로 만들지 등 다양한 방법 안에서 제품에 맞추어 선택한다.

유지

OIL

유지는 도넛의 깊은 맛을 내는 데 꼭 필요한 재료다. 주로 버터나 쇼트닝을 사용하며 코코넛오일 같은 식물성 액체 유지도 쓴다. 버터의 최대 장점은 특유의 풍미다. 맛을 더 풍부하게 표현하기 위해 고가의 프랑스산 발효버터를 사용하는 가게도 있다. 도넛의 경우 판매 가격이 점점 높아져 가는 상황이라, 품질 향상 분을 그대로 가격에 반영하기 쉽다. 버터 특유의 느끼한 맛을 잡거나 식감이 바삭하고 가벼운 도넛을 만들고 싶을 때 쇼트닝을 사용하기도 하며, 버터와 쇼트닝을 섞어 균형을 맞추기도 한다. 쇼트닝은 건강을 생각해 트랜스지방산을 낮추거나 완전히 제거한 제품이 늘어나고 있고 유기농도 출시되어 있다. 또한 식물성 재료만을 사용하는 비건 도넛, 맛이 담백한 도넛에 두유로 만든 두유크림버터나 식물성 오일을 사용하기도 한다.

유제품

DAIRY

도넛에 맛이 진한 필링을 채우면 빵은 담백해야 한다고 생각하는 경향이 있는데, 반죽 자체에 깊은 풍미를 부여하는 가게도 많다. 이때 우유나 생크림 등의 유제품을 주로 사용하며, 산뜻한 맛이나 쫀득한 식감을 내고 싶을 때는 두유를 사용하기도 한다.

달걀

EGG

반죽에 감칠맛을 더하고 싶을 때 유지나 유제품과 함께 사용하는 것이 달걀이다. 달걀흰자가 많이 들어가면 반죽이 푸석해질 수 있다. 요즘에는 촉촉한 도넛에 대한 선호도가 높기 때문에 이 점을 유의해야 한다. 달걀노른자의 비율을 늘리거나 가당 노른자를 사용하면 푸석해지는 것을 방지할 수 있다.

이스트, 베이킹파우더

YEAST, BAKING POWDER

도넛 반죽은 비교적 당분 함량이 높기 때문에 당분에 특화된 고당용 이스트를 많이 사용한다. 케이크 도넛에 들어가는 베이킹파우더의 경우, 가격대가 높은 전문점에서는 알루미늄 프리 제품도 자주 쓴다.

발효종

SOURDOUGH

이스트 도넛의 풍미를 극대화하기 위해 오랜 시간 이어온 씨앗 르방으로 만든 수제 천연 발효종을 넣는다. 쫄깃한 식감이 오래 유지되도록 탕종을 배합하기도 하고, 쌀을 겔 형태로 가공한 제품을 첨가해 반죽을 촉촉하게 만들기도 한다. 누룩을 넣어 반죽 속 pH를 조절하고 이스트 효모의 활동을 활발하게 만들면 질감이 부드러운 반죽이 된다. 이렇듯 발효종은 다양한 형태로 활용되고 있으며, 반죽 속에 들어가는 비율이 결코 높지는 않지만 결과물의 맛을 크게 좌우하는 역할을 한다.

이스트 도넛의 공정과 도구

이스트 도넛, 케이크 도넛, 슈 도넛 중
도넛 전문점에서 가장 많이 만드는 제품은 이스트 도넛이다.
이제부터 이스트 도넛을 만드는 순서와 과정 그리고 설비에 대해 알아보자.

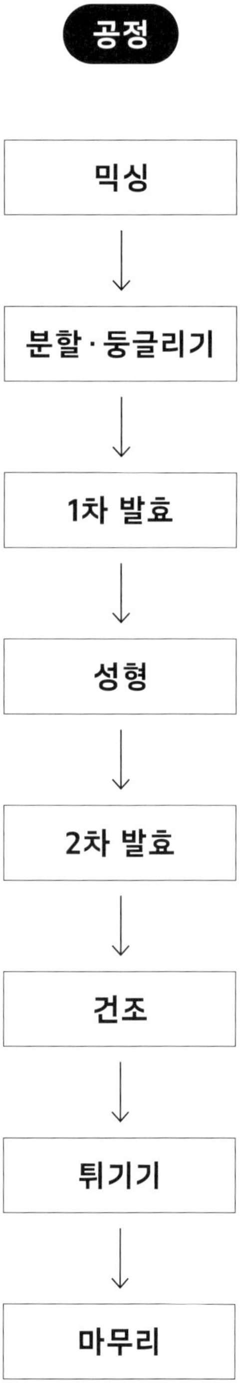

공정

믹싱
↓
분할 · 둥글리기
↓
1차 발효
↓
성형
↓
2차 발효
↓
건조
↓
튀기기
↓
마무리

믹싱

재료를 반죽하는 작업. 도넛 전문점이나 베이커리에서는 만드는 양이 많으므로 버티컬믹서나 스파이럴믹서를 사용한다. 20~30개 정도의 양을 만들 경우에는 스탠드믹서로도 가능하다. 보통 어느 정도 글루텐이 생길 때까지 반죽한 후 유지를 섞지만, 글루텐 형성을 억제해 식감을 부드럽게 만들고 싶다면 올인원(볼에 모든 재료를 넣고 한 번에 섞는 방법) 방식을 선택해도 좋다.

분할 · 둥글리기, 1차 발효

반죽을 덩어리째 1차 발효를 하기도 하고, 분할·둥글리기를 한 뒤 1차 발효를 하기도 한다. 맛이 한층 풍부해지고 작업이 수월하다는 장점이 있어 장시간 저온발효를 선택하는 가게도 많다. 발효에는 보편적으로 도우컨디셔너 또는 발효기, 냉장고 등의 설비가 필요하다. 스트레이트법으로 반죽한 뒤 뜨거운 물이 담긴 냄비 위에 반죽 보관함을 올리거나 오븐 위에 믹싱볼을 올려 잔열로 발효시키는 방법도 있다.

성형

일반적으로 링 모양 아니면 동그란 모양으로 성형한다. 링 모양은 작은 원형 커터로 가운데를 찍어내거나 긴 막대 모양의 반죽을 동그랗게 이어 붙이는 방법으로 만든다. 링 모양으로 도넛을 만드는 가게는 찍어낸 자투리 반죽을 모아 튀겨낸 후 여러 개를 세트로 묶어 '도넛 홀'이란 이름으로 판매하기도 한다.

건조

발효가 끝나면 튀기기 전에 실온에서 표면을 말리는 과정이다. 건조를 거치면 튀겼을 때 도넛이 기름지지 않게 된다.

튀기기

도넛을 대량 생산하는 전문점에는 대형 튀김기가 필수다. 도넛이 잘 만들어진다고 해 가스불로 가열하는 튀김기를 사용하기도 한다. 한편 품절되지 않도록 소형 튀김기로 자주 생산하거나 무쇠 냄비에 조금씩 튀겨내는 방식을 선택하는 매장도 있다. 튀김유는 바삭하게 튀겨지고 느끼하지 않은 쇼트닝을 가장 많이 사용하며, 풍미가 좋은 카놀라유를 사용하거나 기름 특유의 냄새가 없는 현미유를 사용하는 가게도 있다.

그 밖의 설비에 관해

도넛 전문점에서는 분할과 둥글리기가 한 번에 되는 디바이더 라운더기나 동그랗게 성형해 주는 제빵용 기계를 구비하기도 한다. 베이커리에서 파생된 도넛 전문점에서는 발효종 생산 기계를 종종 볼 수 있다. 이런 설비들은 생산량 증가와 품질 향상을 도와준다. 다만 도입 시 공간과 예산 등을 고려해 균형을 맞출 필요가 있다.

도넛 전문점의 포장과 디스플레이

포장 재료와 패키지

도넛은 선물용으로 사는 경우가 많다. 포장 디자인은 가게의 개성을 표현하는 중요한 아이템이다. 브랜드의 정체성과 실용성을 모두 고려한 연구가 필요하다.

도넛모리

진득한 글레이즈와 토핑이 흐트러지지 않도록 도넛 하나하나 플라스틱 용기에 낱개 포장해 판매한다. 용기를 세로로 쌓아 넣을 수 있는 비닐백을 특별 제작했다.

SUNDAY VEGAN

도넛을 유산지 봉투에 넣고 입구를 비틀어 닫은 후 상자에 담는다. 도넛을 모티브로 한 스티커로 상자 입구를 고정한다. 이 심플한 포장을 완성하기까지 수많은 시행착오를 겪었다.

HUGSY DOUGHNUT

도넛을 한 개씩 플라스틱 용기에 넣어 판매. 자체 제작한 비닐백에는 일러스트레이터로 활동 중인 남편 히로노리 씨가 그린 일러스트와 로고가 새겨져 있다.

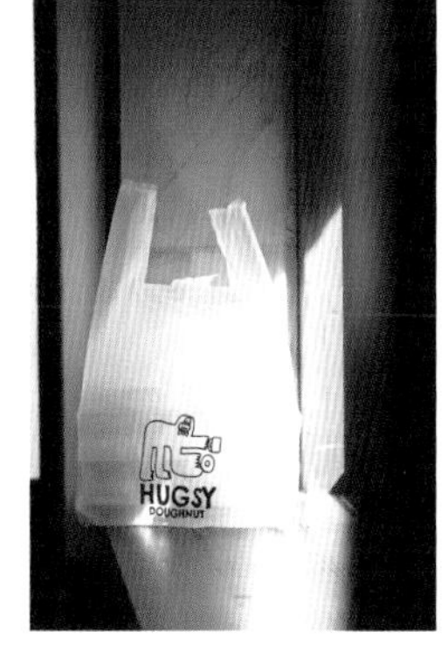

슈퍼 스페셜

유산지로 감싼 도넛을 1개는 비닐백, 2개 이상은 상자에 담아준다. 상자에는 가게 로고가 찍혀 있다. 크림 도넛이 메인 상품이기에 자체 제작한 보냉백도 판매한다.

NAGMO DONUTS

내츄럴한 크라프트 봉투에 로고를 찍어 심플하게 포장한다. 포장과 보관이 쉽도록 도넛의 종류와 개수가 표시된 리스트 용지를 붙여준다.

HOCUSPOCUS

패키지 디자인에 상당한 공을 들였다. 손잡이용 구멍이 뚫린 세련된 대리석 무늬의 종이로 도넛 상자를 감싸 고정하는 독특한 디자인이 인상적이다.

I'm donut?

선물용으로 구입하는 손님이 많아 시부야와 후쿠오카점에는 선물용 박스가 준비되어 있다. 검은 리본을 예쁘게 묶어 시크하게 마무리한다. 큼직하게 디자인된 브랜드 로고가 시선을 사로잡는다.

디스플레이

도넛 전문점은 판매에 영향을 주는 디스플레이에 신중을 기해야 한다. 사진 찍고 싶어질 정도로 근사한 진열장은 SNS 마케팅으로도 연결된다. 가게의 얼굴이라고 할 수 있는 중요한 포인트다.

도넛모리

상온의 유리 쇼케이스 하단을 금색의 그물로 장식하고 그 위에 도넛을 한 줄에 4개씩 진열했다. 늘 고객이 끊이지 않기에 원활하게 전달할 수 있도록 도넛을 플라스틱 용기에 한 개씩 포장해 쇼케이스 하단에 넣어둔다. 버터나 크림이 들어가는 도넛은 쇼케이스에 본보기 상품 하나를 진열해 두고 안쪽 냉장고에 보관한다.

SUNDAY VEGAN

쇼케이스 없이 매장의 공간감과 잘 어울리는 그릇에 올려 디스플레이 한다. 그릇은 같은 작가의 제품으로 통일감을 주면서 다양한 색과 형태, 무늬를 조합해 경쾌하게 연출했다. 높낮이의 차이가 있는 사각이나 원기둥 모양의 나무 블록 위에 그릇을 올리면 자연스럽게 고객의 시선을 유도할 뿐만 아니라 자연 친화적인 느낌을 준다.

HUGSY DOUGHNUT

오래된 주택을 개조해 매장을 만들었다. 건물 내부에 주방과 카페 공간이 있다. 출입구 옆에 미닫이 형식의 창문과 진열대를 만들어 테이크아웃 손님의 주문을 받는다. 계산대 안쪽에는 주방이 있고, 주방과 판매 공간 사이 벽에 있는 작은 창문으로 영업 중 제조 담당인 부인 유미 씨와 판매 담당인 남편 히로노리 씨가 소통을 한다.

슈퍼 스페셜

도넛 매장 전면 창문에서 주문하는 스탠드 형식의 매장. 창문 안쪽은 주방으로 혼자 준비, 제조, 판매를 할 수 있다. 진열대가 없는 대신 대표 도넛은 메뉴판에 맛을 설명해 두고 시즌별 상품은 칠판에 일러스트와 함께 자세히 적어둔다. 주문하는 곳 오른쪽 입구로 들어가면 카페를 이용할 수 있다(소개된 매장은 2024년 5월 폐점).

NAGMO DONUTS

이벤트 형식의 디스플레이. 도넛을 넣어둔 케이스는 매장이 있는 지역에서 활동하는 목공 작가가 제작했다. 안에 견본품을 넣고 유리 덮개에 마카로 도넛 이름과 가격을 적는다. 링 도넛 모양의 나무 간판도 같은 작가의 작품이며 테이블클로스는 천연 염색 명장이 만들었다. 바구니에는 도넛 자투리를 튀긴 '미니 도넛'이 있다.

HOCUSPOCUS

입구 정면의 긴 카운터 위에 유리로 된 쇼케이스가 놓여 있다. 도넛은 나무 트레이 위에 다른 종류는 2개 같은 종류는 3개씩 올려 진열한다. 심플한 쇼케이스 안에 가지런히 진열해 간결한 느낌의 도넛 디자인을 살리고, 나무 트레이로 따뜻함을 더했다. 무채색의 집기류를 사용하면 도넛의 색감이 더욱 돋보인다.

과학으로 알아보는 이스트 도넛 Q&A

이스트 도넛은 만드는 방법이 간단해 보이지만 재료나 제법의 작은 변화에 따라 결과물의 맛이 달라지는 까다로운 아이템이다.
지금부터 과학적 원리를 이용해 이스트 도넛에 관한 궁금증을 해결해 보자.

'튀김'이란?

물과 기름의 교대 현상

반죽에 포함된 수분이 증발한다

↓

증발한 부분에 공간이 생긴다

↓

빈 공간에 고온의 기름이 들어간다

'튀기다'라는 조리 과정 중 식품 안에서는 과학적으로 어떤 일이 일어나고 있을까? 식품을 고온의 기름에 넣으면 식품 안에 포함된 수분이 가열되어 표면에서 증발한다. 수분이 빠져나가 공간이 생기면 바로 고온의 기름이 들어와 채우고 공간 안쪽에서도 식품을 가열한다.

도넛의 경우 이 현상이 반죽 표면에서 이루어진다. 이때 기름에 닿아 있는 겉껍질뿐만 아니라 반죽 속 빈틈에 들어간 고온의 기름에서도 열이 가해져 바삭한 식감이 만들어진다.

Q1 튀김 상태가 나쁘다는 것은 어떤 의미인가?

A1 튀김 상태가 별로라고 하면 '반죽이 기름을 많이 먹은 상태'라고 해석할 수 있다. 하지만 눅진해지는 원인은 반죽 표면에서 '물과 기름의 교대 현상'이 제대로 일어나지 않아 표면에 남게 된 다량의 수분이다. 실제로는 반죽에 수분이 많고 기름은 적은 경우가 대다수다.

잘 튀겨진 튀김은 가볍고 바삭하다. 반죽 표면의 수분이 충분히 증발하고 수분이 빠져나간 자리에 고온의 기름이 들어오면 겉껍질뿐만 아니라 반죽 안에 자리 잡은 기름으로 내부도 지글지글 끓게 되면서 바삭한 식감이 만들어진다. 잘 튀긴 반죽은 기름지지 않고 바삭하다는 인식이 있는데 기름이 반죽 속에 잘 들어간 덕분에 바삭해진 것이므로 실은 기름을 많이 머금고 있는 것이다.

열화된 기름을 사용한 경우에도 튀김 상태가 좋지 않다. 기름이 열화하면 분자와 분자가 결합하는 중합이라는 현상이 일어나고, 이로 인해 긴 분자 상태인 중합물이 늘어나 기름의 점도가 올라간다. 그 결과 도넛 반죽의 수분이 기름 쪽으로 확산되기 어려워져 '물과 기름의 교대 현상'이 신속히 이루어지지 않는다. 또한 중합물을 함유한 기름이 반죽 표면에 끈적하게 달라붙는 것도 튀김 상태를 나쁘게 만드는 원인이다.

Q2 표면을 건조한 뒤 튀기면 기름을 덜 먹는 이유는 무엇인가?

A2 표면을 말리면 당연히 반죽 표면에 있는 수분량이 적어지고 그 상태로 반죽을 튀기면 '물과 기름의 교대 현상'이 일어날 때 반죽 속으로 교대해 들어오는 기름의 양도 적어진다. 또한 반죽 표면에 남은 수분량도 적을 수밖에 없다. 따라서 표면을 건조한 뒤 튀긴 반죽은 기름기가 적게 느껴진다.

Q3 충분히 발효시킨 부드러운 반죽보다 발효를 조금 덜 시킨 단단한 반죽을 튀겼을 때 덜 기름진 이유는 무엇인가?

A3 충분히 발효시킨 반죽은 발효 때문에 탄산가스 기포가 많이 생긴다. 반대로 덜 발효시킨 반죽은 기포가 적은 상태다. 기포가 많은 스펀지 형태의 조직은 튀김유를 많이 흡수한다. 단단한 반죽은 기름에 닿는 표면에도 기포가 적기 때문에 기름을 덜 먹게 된다.

Q4 기름에 반죽을 넣고 바로 위아래를 뒤집어 가열한 후 한 면씩 튀기는 방법과 바로 뒤집지 않고 한 면을 충분히 튀긴 후 뒤집는 방법은 어떤 차이가 있나?

A4 튀김유에 반죽을 넣고 바로 위아래를 뒤집어주면 양면이 골고루 익어 단단해진다. 이로 말미암아 반죽이 부풀어 오르는 힘이 다소 약해지고 기름의 흡수율도 낮아진다. 그러나 표면이 단단해진 후에도 내부에서 이스트 발효가 진행되어 탄산가스가 만들어지면 안에서 밖으로 반죽을 밀어내 균열이 생길 수 있다. 이럴 경우 균열된 틈으로 기름이 흡수되기 때문에 무조건 기름을 덜 먹는다고 할 수는 없다. 한 면을 충분히 튀긴 후 뒤집는 방법은 처음에 아래쪽이 가열되는 사이 기름에 닿지 않은 위쪽 면이 부풀어 올라 기름의 흡수율이 높아진다.

Q5 튀김유로 쇼트닝을 사용할 때와 식물성 기름 같은 액체 유지를 사용할 때의 차이점은?

A5 쇼트닝은 상온에서 백색의 고형 유지 상태이지만 열을 가하면 녹아서 액체가 되기 때문에 튀김유로 사용할 수 있다. 반대로 열이 식어 상온이 되면 녹았던 기름이 다시 고체 상태로 돌아간다. 도넛이 식으면 반죽에 스며든 쇼트닝이 굳어져 기름기가 배어 나오지 않고 먹었을 때 단단한 기름 덕분에 식감이 바삭하게 느껴진다.

반면 반죽에 넣은 액체 유지는 식어도 그대로 액체 상태이므로 쇼트닝에 튀긴 도넛에 비해 느끼하거나 표면이 기름져 보일 수 있다. 그러나 현미유나 카놀라유같이 고유의 풍미가 있는 액체 유지를 사용하면 무미 무취인 쇼트닝보다 도넛의 맛이 풍부해지는 장점이 있다.

Q6 달걀은 반죽에 들어가서 어떤 역할을 하나?

A6 도넛 반죽 레시피에는 보통 전란이나 달걀노른자를 사용하며 달걀흰자만을 넣는 경우는 거의 없다. 지금부터 달걀노른자와 달걀흰자가 섞인 전란과 달걀노른자만을 사용했을 때의 차이점을 비교해 보자.

달걀노른자만을 넣었을 때의 이점으로는 반죽의 결이 치밀해져 식감이 촉촉하고, 반죽이 잘 늘어나 볼륨이 살아나며, 시간이 지나도 반죽이 단단해지지 않고 부드럽다는 점을 꼽을 수 있다. 달걀노른자에는 유화작용을 돕는 레시틴과 리포 단백질이 포함되어 있다. 달걀노른자를 넣어 믹싱하면 레시틴의 유화작용으로 인해 반죽 속 수분과 기름방울 형태로 분산된 지방이 섞여 조직이 치밀해진다. 또한 구성 성분의 약 1/3에 달하는 지방 덕분에 반죽이 촉촉해진다.

볼륨이 살아나는 이유는 이러한 유화작용과 달걀노른자의 지방 덕분에 반죽이 부드럽게 잘 늘어나 쉽게 부풀어 오르기 때문이다.

반죽이 딱딱해지지 않고 촉촉한 이유도 레시틴 등의 유화작용 덕분이다. 밀가루 전분을 물과 함께 가열하면 '전분의 호화(α화)'가 일어나 끈기가 생기고 반죽이 부푼다. 그러나 시간이 지나면 전분의 수분이 빠져나가 원래의 구조로 돌아가려는 '전분의 노화(β화)'가 일어나 딱딱하고 푸석푸석해진다. 이럴 때 레시틴의 유화작용이 전분의 노화를 방해해 쉽게 딱딱해지지 않는 것이다. 그렇다고 달걀노른자의 양을 과하게 늘리면 지방의 영향으로 글루텐(Q&A9 참조) 형성이 어려워져 반죽이 잘 부풀지 않을 수 있으니 주의한다.

달걀흰자는 반죽의 뼈대를 강화해 식감을 좋게 해준다. 달걀흰자의 주요 성분은 단백질이며 지방은 거의 들어 있지 않다. 반죽이 가열에 따라 열팽창할 때 달걀흰자의 단백질이 열로 굳어져 반죽의 조직을 고정하고, 난백 단백질의 반 이상을 차지하는 오보알부민이 열로 인해 단단해지면서 좋은 질감이 생성된다. 하지만 달걀흰자의 배합량이 너무 많으면 식감이 퍼석하고 딱딱해질 위험이 있다. 지금까지 기술된 달걀의 성질을 참고해 추구하는 식감의 도넛 레시피를 개발하길 바란다.

Q7 두유를 사용하면 반죽이 쫀득해지는 이유는 무엇인가?

A7 단백질이 주성분인 두유는 지방이 기름방울 형태로 분산된 콜로이드성 수용액이다. 또한 두유에는 유화작용을 하는 대두 레시틴이 포함되어 있다. 이러한 성질은 전분의 노화를 늦추는 효과가 있어(Q&A6 참조) 두유를 넣으면 시간이 지나도 반죽이 딱딱해지지 않고, 대두 레시틴의 유화작용에 따라 반죽의 기공도 촘촘해진다. 이와 같은 두유의 특성 덕분에 식감이 쫄깃쫄깃해진다.

Q8 일본산 강력분으로 만든 도넛이 수입산보다 식감이 쫄깃하다는 이야기를 들었는데 사실인가?

A8 과거 일본에서 생산된 강력분은 수입산에 비해 단백질 함유량이 낮아 중력분처럼 제면에 적합한 제품뿐이었다. 그 후 품종이 개량되면서 단백질 함유량이 높은 제빵용 품종이 개발되었다. 그중에서도 쫄깃쫄깃한 식감으로 일본인의 취향을 사로잡은 인기 품종이 '하루요코이', '기타노카오리', '유메치카라'다. 이 제품들은 전분의 구성 물질 중 하나인 아밀로오스가 다른 품종에 비해 조금 낮다는 공통점이 있다. 전분은 아밀로오스와 아밀로펙틴으로 이루어져 있으며, 아밀로오스가 낮은 품종이란 다시 말해 아밀로펙틴이 많다는 것을 의미한다. 아밀로펙틴은 아밀로오스보다 찰기가 있고 쫀득쫀득한 것이 특징이다. 쌀로 비교하면 찹쌀에는 아밀로펙틴이 100%, 멥쌀에는 아밀로펙틴이 약 80%(나머지 20%는 아밀로오스) 정도 들어 있다. 이것만 봐도 아밀로오스가 적은 품종이 쫄깃한 식감을 만들기 쉽다는 것을 알 수 있다. 더욱이 대다수의 일본산 품종에서 글루텐(Q&A9 참조)의 근원이 되는 단백질이 개선되면서 부드럽고 잘 늘어나는 성질을 갖게 된 점도 일본산 밀가루로 만든 반죽이 쫄깃쫄깃해진 비결이다.

해설 기무라 마키코

1997년 나라여자대학 가정학부 식품영양학과를 졸업한 후 츠지조리사 전문학교를 졸업했다. 츠지 시즈오 요리교육 연구소 근무를 거쳐 독립했다. 현재 같은 학교에서 강사로 일하며 조리과학 분야의 집필 활동 등을 하고 있다. 공저로 『베이킹은 과학이다: 제빵편』등이 있다.

Q9 강력분과 박력분을 섞으면 어떻게 되나?

A9 밀가루에는 글루테닌과 글리아딘이라는 두 가지 단백질이 들어 있다. 밀가루에 물을 넣고 반죽하면 이 두 가지 단백질이 결합해 글루텐이 형성된다. 단백질이 많이 들어 있는 강력분으로 만든 발효 반죽에는 찰기와 탄력을 높여주는 글루텐이 풍부하다. 글루텐은 반죽 속에 퍼지면서 차츰차츰 얇은 그물막을 형성하고, 탄력성이 좋은 글루텐 막이 이스트에서 발생된 탄산가스를 끌어안고 서서히 늘어나면서 반죽 전체가 커다랗게 부풀어 오른다.

박력분은 단백질 함량이 낮기 때문에 강력분을 박력분으로 대체하면 강력분에 비해 글루텐이 적게 생성되고, 강력분에서 만들어지는 글루텐보다 점성과 탄력성이 낮아 반죽이 덜 늘어난다. 발효하며 생긴 탄산가스를 충분히 가두어둘 수 없으므로 볼륨이 죽고 기포가 작아져, 먹었을 때 식감이 폭신하지 않고 무거운 반죽이 된다. 씹는 맛이 좋은 묵직한 식감으로 만들고 싶다면 위에 기술된 박력분의 특성이 살아나도록 레시피에서 박력분의 비율을 높인다.

Q10 식감을 좌우하는 요소에는 무엇이 있나?

A10 식감은 결정짓는 요소에는 다음의 9가지가 있다.

① 밀가루의 단백질량
② 믹싱 시간과 강도
③ 이스트의 종류와 배합량
④ 소금의 배합량
⑤ 설탕의 배합량
⑥ 유지의 종류와 배합량
⑦ 전란, 달걀노른자의 배합 유무와 배합량
⑧ 탈지분유의 배합량
⑨ 만드는 방법

이와 같은 다양한 요소들이 결합해 반죽의 식감을 좌우한다. 부드럽고 가벼운 반죽을 만들고 싶다면 고단백 밀가루를 선택하는 것이 가장 중요하다. ②~⑨번의 요소를 아무리 조절해도 단백질 함량이 적으면 해결되지 않는다. 고단백 밀가루를 사용하고 글루텐이 확실히 생길 때까지 오래 믹싱하면 부드럽고 가벼운 식감을 낼 수 있다.

이 책을 읽기 전에

- 도넛의 로마자 표기는 donut과 doughnut 두 가지가 있는데, 이 책에서는 주로 donut을 사용하며 책에 소개된 상호에 한해서는 각 점포의 표기법을 우선한다.
- 버터는 무가염 버터를 사용한다.
- 밀가루는 같은 브랜드를 사용하더라도 생산량과 계절에 따라 상태가 달라질 수 있으니 반죽 상태에 따라 레시피의 수분량을 조절한다.
- 덧가루는 강력분을 사용한다.
- 레시피 뒤의 ()안에는 각 매장에서 사용하는 재료의 브랜드 또는 이름이 적혀 있다.
- 이스트 도넛 레시피의 g표기 뒤에 적혀 있는 %는 베이커스퍼센트다. 베이커스퍼센트는 밀가루의 양을 100%로 잡았을 때 다른 재료의 양을 밀가루 양에 대한 백분율로 표시한 것이다.
- 글루텐 체크란 믹싱이 끝난 반죽을 조금 떼어낸 후 살살 늘려 글루텐이 어느 정도 형성되었는지 확인하는 작업이다.
- 스트레이트법이란 모든 재료를 한 번에 넣고 섞는 제빵 반죽법이다.
- 도우콘은 도우 컨디셔너의 약자다.
- 믹싱, 발효, 튀김 온도와 시간은 책에 실린 가게의 실제 레시피를 기재한 것으로 각각의 주방 환경이나 도구에 따라 달라질 수 있으니 적절히 조절해야 한다.
- 오븐을 사용할 때는 미리 예열한다.
- 책에 소개된 도넛의 종류와 가격은 취재 당시(2024년 4~5월) 판매되던 것으로 시간이 지남에 따라 달라질 수 있다.
- CHAPTER 3 튀김빵 반죽 알아보기(P.138~151)는 『cafe-sweets vol.216』(시바타쇼텐) 에 개재된 동명의 특집기사를 재편집해 수록한 것이다.

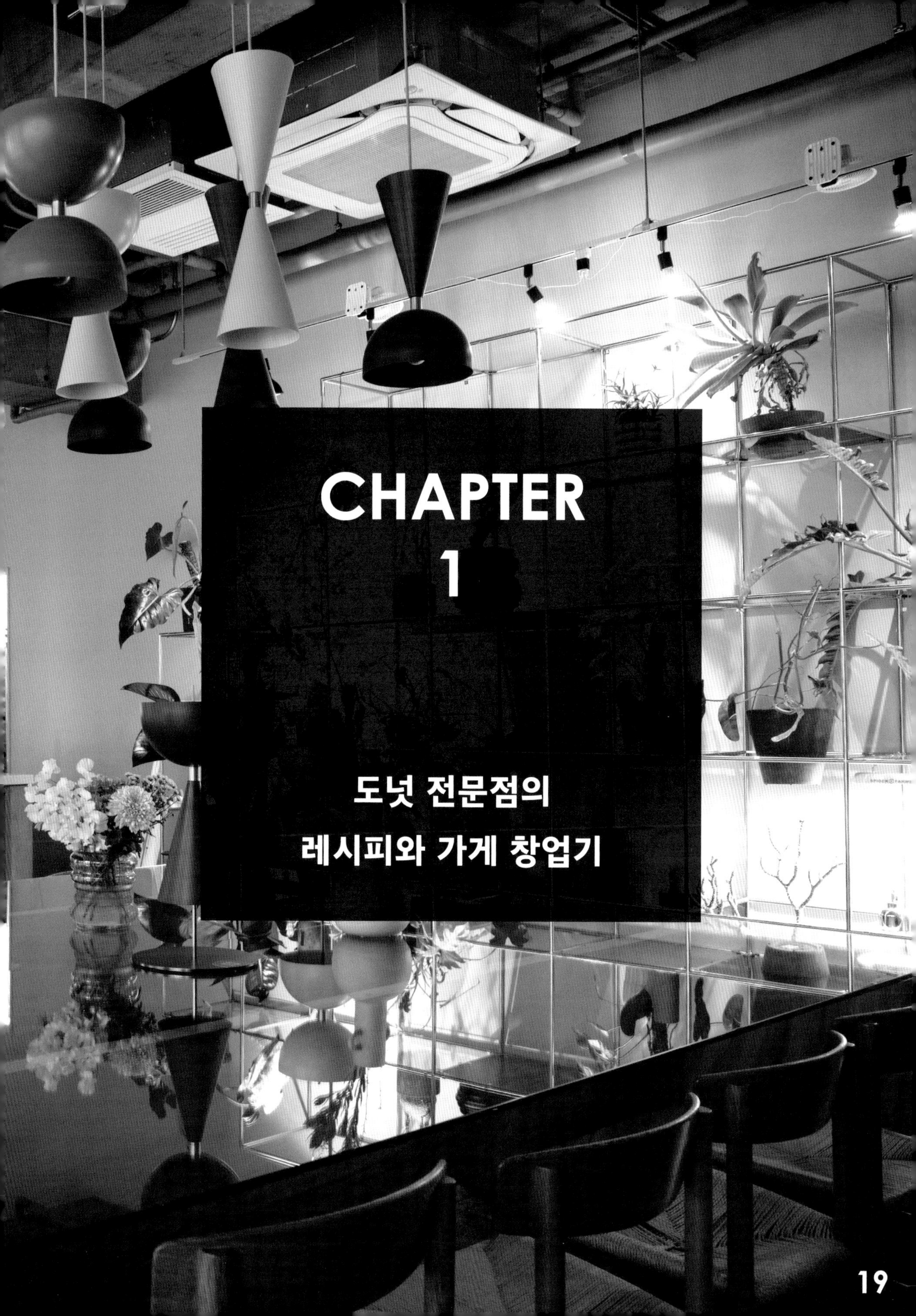

CHAPTER 1

도넛 전문점의 레시피와 가게 창업기

도넛 전문점의 플레인 도넛

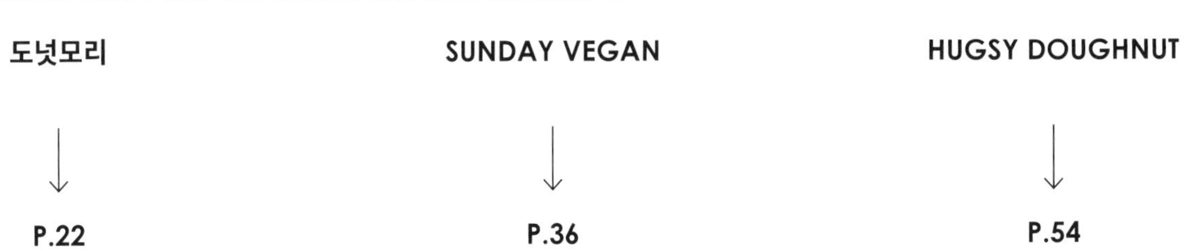

도넛모리 → P.22

SUNDAY VEGAN → P.36

HUGSY DOUGHNUT → P.54

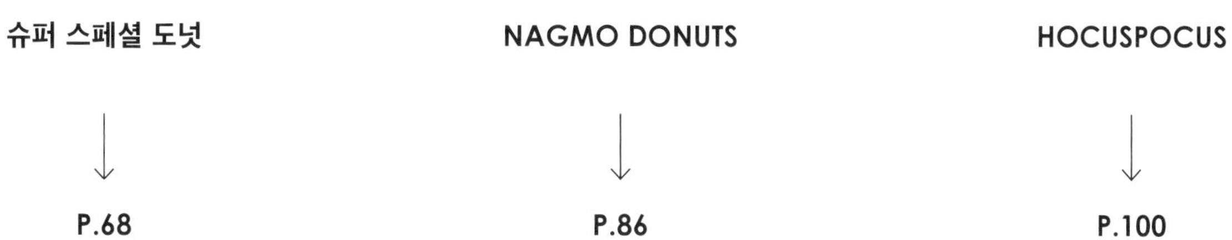

슈퍼 스페셜 도넛 ↓ P.68

NAGMO DONUTS ↓ P.86

HOCUSPOCUS ↓ P.100

도넛모리의 반죽 만들기

Doughnut Mori

DONUT SHOP

TOKYO
KURAMAE

쫀득쫀득, 꾸덕꾸덕. 식감은 조금 묵직하게
프랑스 전통 과자 방식의 진한 글레이즈를 한껏 머금은 도넛.

탕종법, 장시간 저온발효,
달걀노른자 고배합 레시피로 저녁까지 촉촉한

탕종법을 선택한 이유는 익반죽으로 만든 식빵의 쫀득하고 묵직한 식감을 좋아하기 때문이다. 2020년 개업 당시에는 도넛을 만드는 가게가 거의 없었기에 새로운 맛을 선보일 기회라고 생각했다. 당일 취식을 원칙으로 하고 있다. 익반죽으로 만들어 오랜 시간 저온 발효한 반죽은 첨가물을 넣지 않아도 수분이 잘 빠져나가지 않아 늦은 밤까지 맛을 유지한다. 달걀노른자를 듬뿍 넣으면 맛이 풍부해질 뿐만 아니라, 천연 유화제로서 신선함을 보존하는 효과도 기대할 수 있다.

일본산 초강력분에 박력분을 섞어
묵직한 식감으로 만들다

일본산 밀가루는 일본인들이 좋아하는 쫄깃한 식감을 내는 데 적합하기에, 원하는 식감으로 만들 수 있는 홋카이도산 초강력분 '유메치카라'가 혼합된 강력분을 선택했다. 더불어 박력분을 섞어주었더니 바라던 대로 적당히 무거운 식감이 완성되었다. 박력분은 양이 부족하면 입안에 진득한 느낌이 남고, 너무 많으면 잘 부풀어 오르지 않아 뻑뻑해진다. 그래서 밀가루 전체 양의 5~20% 안에서 1%씩 바꾸어가며 테스트한 끝에 10%의 황금비율을 찾아냈다.

글루텐이 과해지지 않도록 반죽해
묵직함과 졸깃한 식감을 모두 잡다

식감이 묵직하지만 씹는 맛이 살아 있도록 모든 재료를 한 번에 넣고 반죽하는 스트레이트법으로 만들었다. 반죽을 늘리면 얇은 막 상태로 늘어났다가 마지막에 퍽하고 크게 찢어지는 정도까지 반죽해 글루텐이 너무 많이 생기지 않도록 주의한다.

튀김유 교체 시기는 나라별 기준을 참고

튀김유는 트랜스지방산이 거의 들어 있지 않은 식물성 유지로 만든 쇼트닝을 사용한다. 기름의 산화 정도를 측정해 주는 '산가측정지'로 상태를 확인하고, 일본의 식품공장 국가 기준인 산가 2이상이 되면 교환한다. 당일 판매분을 아침에 전부 모아 튀기고, 끝나면 바로 여과·냉각해 튀김유의 변형을 최소화하고 있다. 이 모든 것은 어린이도 안심하고 먹을 수 있는 안전한 먹을거리를 위한 노력이다.

도넛모리의

플레인 도넛

DAY1

탕종
65℃까지 가열→2℃·하룻밤

DAY2

믹싱
스파이럴믹서 저속 1분→
중속 10분/
반죽 완성 온도 26~27℃

1차 발효
2℃·3~4시간

펀치
1회

분할·둥글리기
80g·원형

벤치 타임
4℃·30분

성형
링 모양

2차 발효
4℃·12~16시간

DAY3

찬기빼기·최종 발효
20℃·습도 60%·45분 →
30℃·습도 70%·45분

건조
실온(약 20℃)
업장용 선풍기 10~15분

튀기기
쇼트닝(175℃) 1분 30초 →
위아래를 뒤집어 1분 30초

식히기
실온(약 20℃)·약 20분

INGREDIENTS

탕종(약 120개분)
- 강력분('아카네보시' 닛픈) … 200g
- 소금(게랑드 소금) … 56g
- 비정제 설탕('스다키토우' 다이토제당) … 56g
- 물 … 1kg

반죽(약 30개분)
- 강력분('아카네보시' 닛픈) … 850g
- 박력분('슈퍼바이올렛' 닛신제분) … 100g
- 세미 드라이이스트('하이론델1895' 르사프) … 5g

A
- 버터 … 95g
- 쇼트닝('구로네쇼토닝구'*미요시유지) … 17g
- 가당 달걀노른자 … 120g
- 우유 … 320g
- 비정제 설탕(상동) … 130g

탕종(미리 만들어 둔 것) … 310g
튀김유 (쇼트닝·상동) … 적당량

* 식물성 유지로 만든 쇼트닝. 트랜스지방이 거의 없음.

DAY 1 탕종(사진은 레시피의 10배 분량)

냄비 바닥이 둥글지 않으면 바닥 가장자리에 반죽이 끼어 골고루 익힐 수 없다.

바닥이 둥근 냄비(잼용 동냄비 등)에 강력분, 소금, 비정제 설탕을 넣고, 물은 1/2분량을 넣는다.

물을 전부 실온 상태로 넣으면 익반죽 완성까지 15분 이상 걸리지만, 반을 끓여서 사용하면 5분 안에 완성.

나머지 물을 끓여 **1**에 넣는다.

바닥에 강력분이 뭉쳐 있으면 타거나 덩어리가 생길 수 있으니 우선 골고루 잘 섞어준다.

거품기로 바닥부터 골고루 섞는다.

커스터드 크림을 만들 때와 동일한 방법으로 밑에서부터 빠짐없이 저어준다.

강불에서 거품기로 바닥부터 전체를 저어가며 가열한다.

냄비 속 반죽이 55℃가 되면 전분의 호화(α화)가 점점 진행되니 전문가용 대형 핸드 블렌더로 바꾸고 강하게 고속으로 믹싱하며 가열한다.

냄비 속 반죽이 65℃가 되면 불을 끄고 볼에 옮겨 담는다.

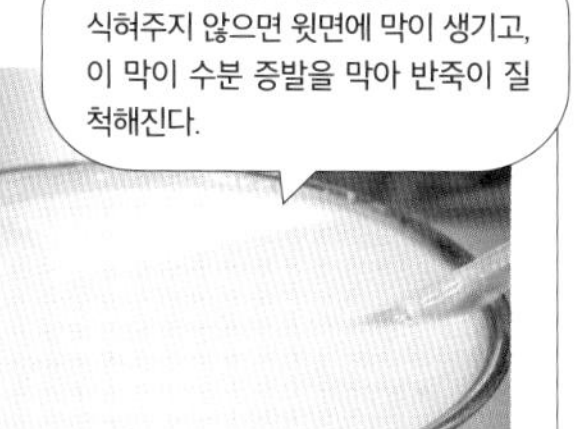

실온에서 10분에 한 번씩 골고루 섞어가며 체온 정도의 온도가 될 때까지 식힌다. (사진과 같은 양이라면 실온 상태가 될 때까지 2~3시간 정도 걸린다). 랩을 씌우고 2℃의 냉장고에 넣어 하룻밤 숙성한다.

DAY 2 믹싱

(사진은 밀가루 16kg 반죽)

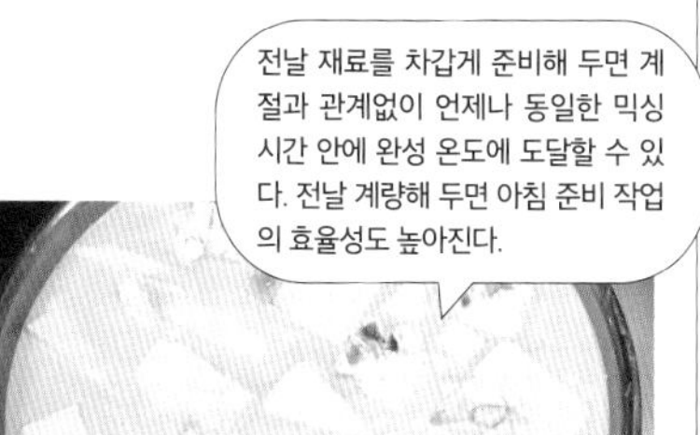

A를 전날 계량해 섞은 다음 랩을 씌워 냉장고에서 하룻밤 숙성한다.

믹서에 가루 재료와 세미 드라이이스트를 넣고 **1**을 넣는다.

탕종을 넣는다.

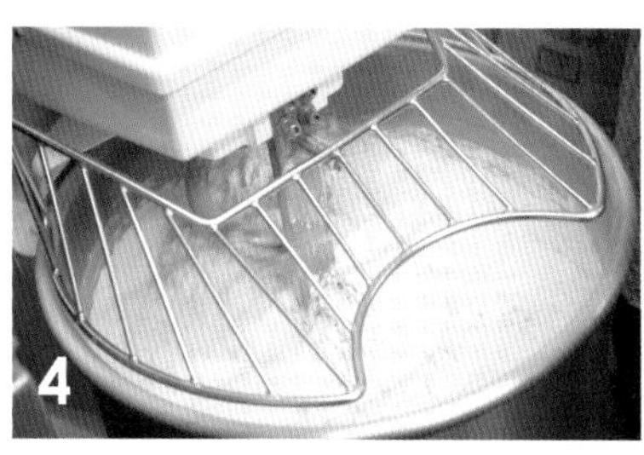

저속으로 1분간 섞는다.

가루가 보이지 않게 되면 중속으로 바꾸고 10분간 믹싱한다.

반죽 온도를 측정하고 최종 온도가 26~27℃가 될 때까지 중속으로 몇 분 더 믹싱한다. 재료를 섞을 때는 실온 20℃. 10분 믹싱한 뒤 반죽 온도는 21℃. 이후부터 1분간 믹싱할 때마다 약 1℃ 상승한다.

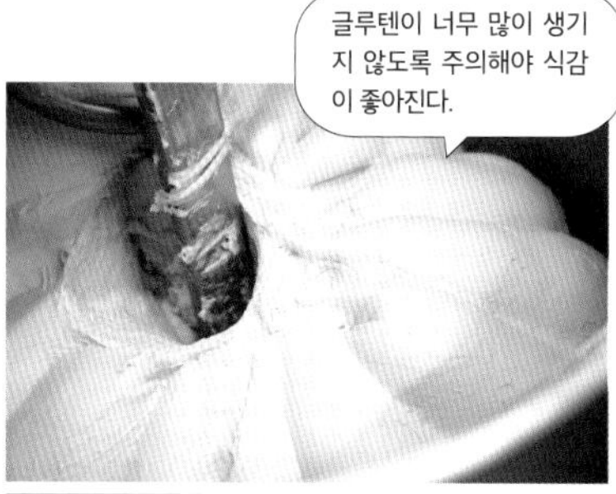

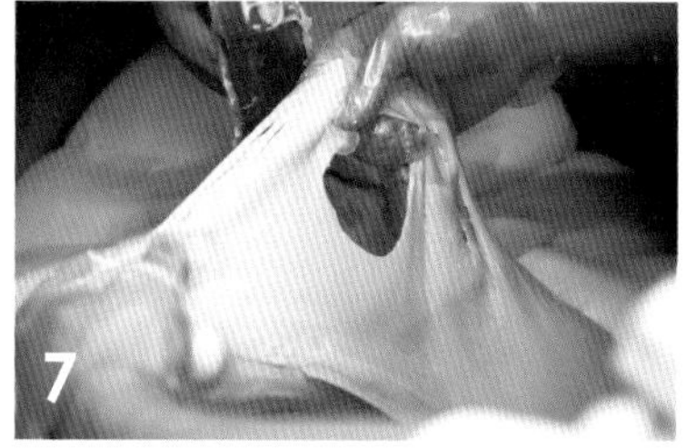

반죽 온도가 26~27℃가 되면 글루텐을 체크한다. 반죽을 늘렸을 때 글루텐이 얇은 막 상태로 늘어났다가 마지막에 퍽하고 크게 찢어지는 상태가 완성의 기준이다.

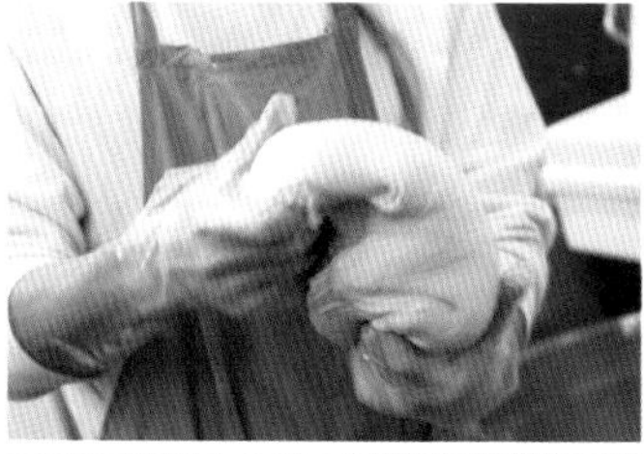

2.4kg으로 분할하고 둥글리기를 한다.

반죽을 뒤집고 밑면 이음매를 꼬집어 붙인다.

반죽 보관함에 넣고 랩을 씌운다.

1차 발효

2℃의 냉장고에서 3~4시간 저온발효시킨다. 사진은 발효 후 약 1.5배 부푼 모습이다.

펀치

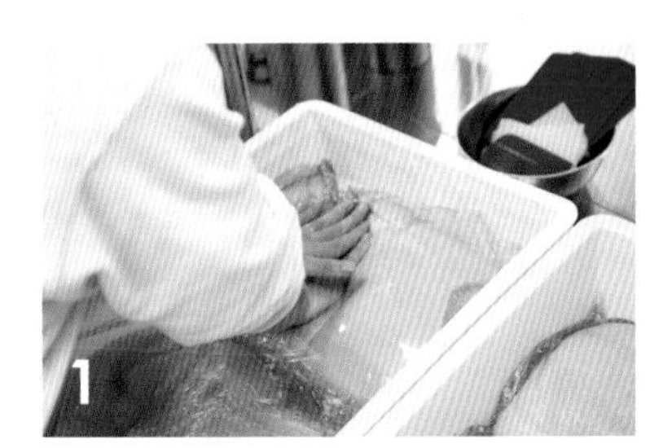

양손을 포개 반죽의 중앙에 올리고 커다란 기포를 터트린다는 느낌으로 한 번 꾹 누른다.

분할·둥글리기

반죽을 스크래퍼로 반죽 보관함에서 떼어내 꺼낸 다음, 디바이더 라운더기 전용 플레이트에 올린다. 덧가루를 살짝 뿌리고 두께가 일정해지도록 손으로 눌러 편다.

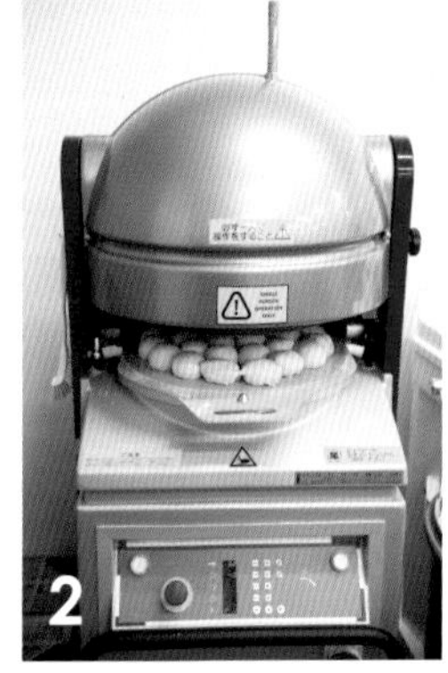

분할·둥글리기를 한 번에 자동으로 해주는 기계. 전용 플레이트에 반죽을 올리고 고정하면 몇 십초 만에 분할, 둥글리기를 한다. 깔끔하게 둥글려질 때도 있지만 날 자국이 남거나 밑이 잘 오므려지지 않을 수 있으니 반드시 상태를 확인하고 필요시 다시 둥글리기를 한다.

플레이트를 디바이더 라운더기에 고정하고 80g으로 분할해 둥글리기를 한다.

디바이더 라운더기에서 플레이트를 꺼낸다.

깔끔하게 둥글려지지 않았다면 작업대 위에서 4~5회 둥글리기를 해 표면을 매끄럽고 팽팽하게 만들고, 밑면을 오므려 그물망 위에 나란히 올린다.

벤치 타임

4℃ 도우콘에서 30분간 휴지시킨다.

도우콘에서 반죽을 꺼낸다.

벤치 타임 후의 반죽

성형

체로 반죽 윗면에 골고루 덧가루를 뿌린다.

햄버거 프레스(햄버거 패티를 눌러가며 굽는 도구)로 반죽을 눌러 지름 8cm 크기로 만든다.

반죽 가운데를 지름 2cm 크기의 원형 커터로 찍어내 링 모양을 만든다.

2차 발효

그물망 위에 나란히 올리고 4℃ 도우콘에서 12~16시간 발효시킨다.

DAY 3 찬기빼기 · 최종발효

> 겉에서부터 안까지 온도가 일정해지도록 온도와 습도를 서서히 올린다. 온도를 한 번에 올리면 겉은 과발효되고 안은 차가운 상태로 튀겨져 속이 설익는다.

도우콘을 온도 20℃, 습도 60%로 설정하고 45분, 그 후 온도 30℃, 습도 70%로 바꾸어 45분간 찬기빼기와 발효를 한다.

건조

도우콘 전원을 끄고 문을 열어 업소용 선풍기로 표면이 마를 때까지 10~15분간 바람을 맞힌다. 중간에 그물망의 앞뒤 자리를 바꾸어 표면이 골고루 건조되도록 한다.

튀기기

> 반죽을 뒤집지 않으면 그물망에 붙은 채로 튀겨질 수 있다.

표면이 마르면 반죽을 살살 어루만져 그물망에서 떼어낸 뒤 뒤집어 올린다.

전용 튀김기(쇼트닝 · 175℃)에 그물망째 담가 1분 30초간 튀긴다. 집게로 도넛을 뒤집어 1분 30초간 더 튀긴다.

그물망째 튀김기에서 꺼내 기름기를 빼고 선반에 옮겨 20분 정도 실온에서 식힌다.

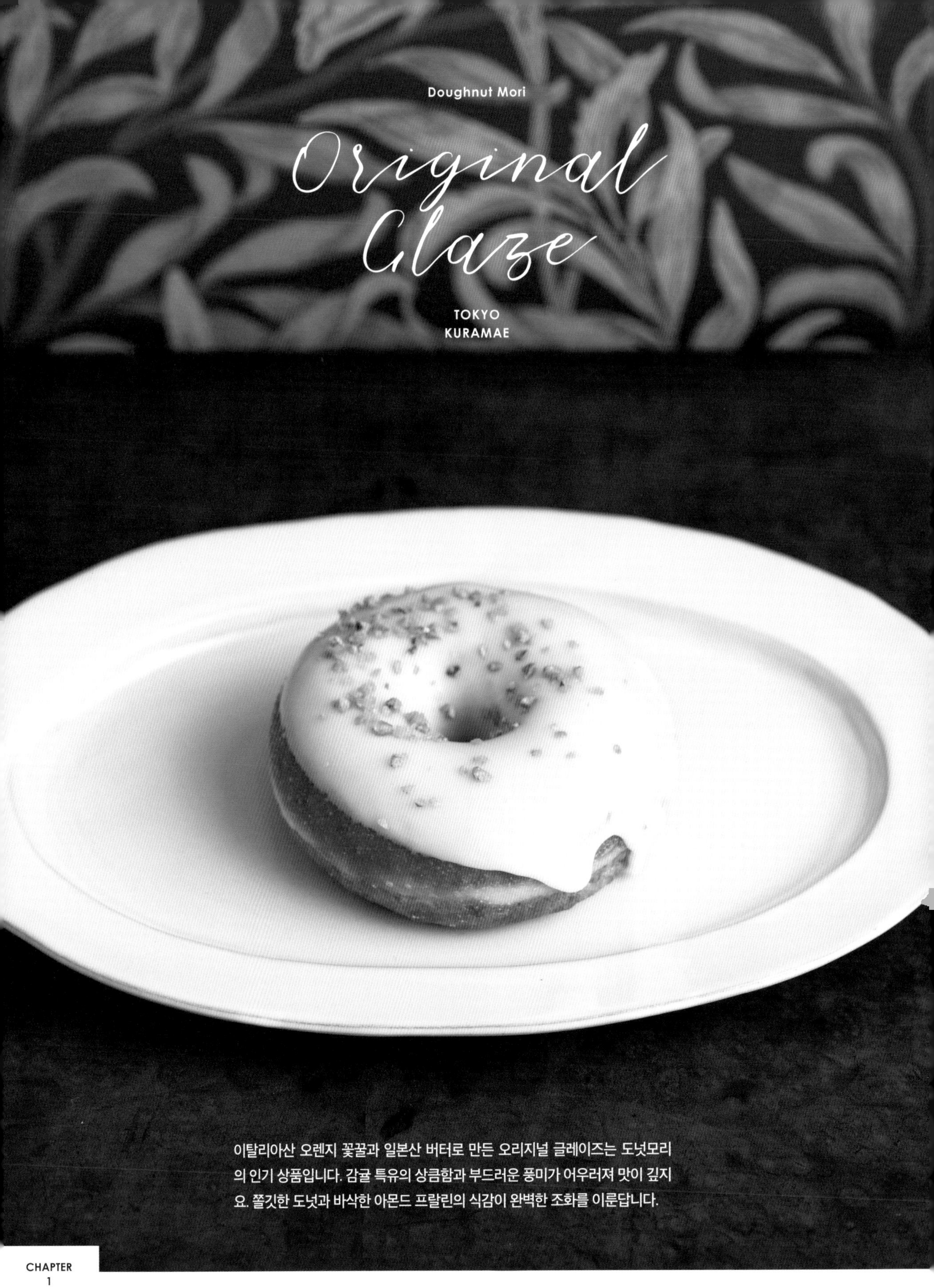

Doughnut Mori

Original Glaze

TOKYO
KURAMAE

이탈리아산 오렌지 꽃꿀과 일본산 버터로 만든 오리지널 글레이즈는 도넛모리의 인기 상품입니다. 감귤 특유의 상큼함과 부드러운 풍미가 어우러져 맛이 깊지요. 쫄깃한 도넛과 바삭한 아몬드 프랄린의 식감이 완벽한 조화를 이룬답니다.

오리지널 글레이즈

INGREDIENTS (30개분)

오리지널 글레이즈

버터 … 30g
뜨거운 물 … 5g
슈거파우더 … 132g
꿀 … 18g

마무리

플레인 도넛(p.24~27) … 30개
아몬드 프랄린(시판용) … 적당량

오리지널 글레이즈(사진은 90개분 분량)

1 냄비에 버터를 넣고 뚜껑을 덮은 후 약불에서 중간중간 골고루 저어가며 녹인다.

→ 버터가 분리되면 글레이즈가 느끼해질 수 있으니 반드시 약불에서 상태를 확인해 가며 녹인다. 레시피 분량만큼 만들 때는 중탕 또는 전자레인지로 녹인다.

2 스탠드믹서의 믹싱볼에 뜨거운 물, 슈거파우더 1/2분량을 넣고 휘퍼를 끼운 후 저속으로 섞는다. 슈거파우더가 보이지 않게 되면 고속으로 섞는다.

→ 상온 물에는 슈거파우더가 잘 녹지 않을 수 있으니 꼭 뜨거운 물을 사용한다. 레시피대로 30개 분량을 만들 때는 거품기로 섞는다(이하동문).

3 골고루 섞이면 나머지 슈거파우더와 녹인 버터를 넣고 균일한 상태가 될 때까지 고속으로 섞는다. 믹싱하는 동안 꿀을 중탕이나 전자레인지를 이용해 체온 정도로 데운다.

→ 다 섞이면 믹싱볼을 분리한 후 휘퍼로 아래쪽 반죽을 골고루 섞어 덩어리진 부분이 없는지 확인한다(**a**).

4 체온 정도의 꿀을 넣고 고속으로 2분간 섞는다. 전체적으로 매끄러운 상태가 되면 완성이다. 보관용기에 담아 2℃의 냉장고에서 하룻밤 숙성한다.

마무리

1 오리지널 글레이즈를 전자레인지에 넣고 체온 정도로 데운다.

→ 분리되지 않도록 거품기로 저어가며 조금씩 데우고 꺼내기를 반복한다(**b**). 사진 속의 양(1900mL)은 600W · 총 3~5분.

2 플레인 도넛을 두께 중간 부분 살짝 위까지만 글레이즈에 담갔다 뺀다. 여분의 글레이즈가 떨어질 때까지 잠시 기다린 다음 도넛을 빠르게 옆으로 돌려 글레이즈를 끊어낸다(**c**~**e**).

→ 글레이즈가 식어 도넛을 담갔을 때 무겁게 느껴지면 마무리 과정 **1**처럼 데워 윤기가 도는 적당한 농도가 되도록 조절한다.

3 글레이즈가 굳기 전에 아몬드 프랄린을 뿌린다(**f**).

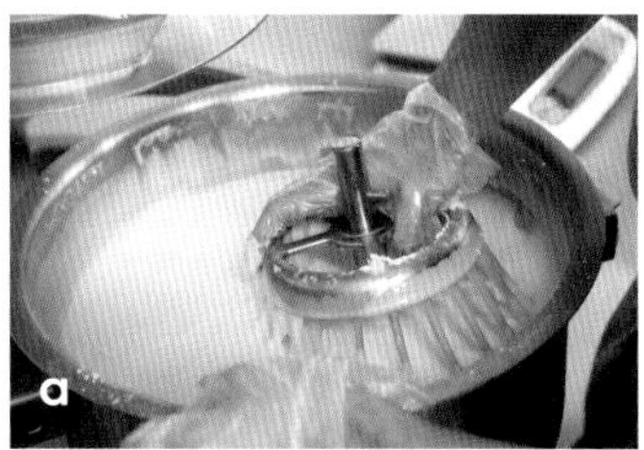
a

b

c

d

e

f

Doughnut Mori

시칠리아 브론테섬의 최고급 피스타치오로 만든 페이스트를 사용하고, 피스타치오 본연의 진한 맛을 그대로 담기 위해 버터와 슈거파우더만을 넣은 심플한 글레이즈를 만들었습니다. 피스타치오 특유의 부드러운 감칠맛이 입안 가득 퍼진답니다.

피스타치오 글레이즈

INGREDIENTS (30개분)

피스타치오 글레이즈
- 버터 … 30g
- 뜨거운 물 … 28g
- 슈거파우더 … 132g
- 피스타치오 페이스트 … 30g

마무리
- 플레인 도넛(p.24~27) … 30개
- 피스타치오(다진 것) … 적당량

피스타치오 글레이즈

1. 버터를 중탕 또는 전자레인지로 데워 녹인다. 버터가 너무 뜨거워서 분리되면 글레이즈가 느끼해질 수 있으니 상태를 확인해 가며 녹인다.
2. 볼에 뜨거운 물과 슈거파우더 1/2분량을 넣고 거품기로 섞는다. 골고루 섞이면 나머지 슈거파우더와 **1**을 넣고 섞는다. 섞는 동안 피스타치오 페이스트를 중탕이나 전자레인지를 이용해 체온 정도로 데운다.
3. **2**가 골고루 섞이면 따뜻하게 데운 피스타치오 페이스트를 넣고 섞는다. 전체적으로 매끄럽게 되면 완성이다. 보관용기에 담아 2℃ 냉장고에 하룻밤 둔다.

마무리

1. 피스타치오 글레이즈를 전자레인지에 넣고 체온 정도로 데운다(데우는 법 p.29 참조).
2. 플레인 도넛을 글레이즈에 담갔다 뺀 후 여분의 글레이즈를 덜어낸다(글레이즈 씌우는 법 p.29 참조). 글레이즈가 굳기 전에 다진 피스타치오를 뿌린다.

피스타치오 페이스트

피스타치오 글레이즈에는 '마룰로 피스타치오 페이스트'를 사용. 이탈리아·시칠리아섬 브론테 지방의 특산물인 최고 등급 피스타치오에 설탕, 지방 등 다른 원료를 첨가하지 않고 만든 농후한 페이스트다. 브론테산 피스타치오는 화산성 토양에서 재배되어 미네랄이 풍부하며 특유의 향과 진한 맛이 특징이다. 2년에 한 번만 수확해 희소가치도 높다.

Doughnut Mori

버터와 슈거파우더 베이스로 만든 글레이즈에 라즈베리 콩피튀르를 넣어 화려한 맛과 향을 더했습니다. 선명하고 고운 색감이 눈길을 사로잡지요. 라즈베리 콩피튀르는 풍미와 산미를 살리기 위해 직접 만든답니다.

* 라즈베리의 프랑스어

프랑부아즈* 글레이즈

INGREDIENTS (30개분)

라즈베리 콩피튀르(미리 만들어 두는 양)

라즈베리(냉동) … 1kg
비정제 설탕('스다키토우' 다이토제당) … 600g
레몬즙 … 50g

라즈베리 글레이즈

버터 … 30g
뜨거운 물 … 16g
슈거파우더 … 132g
라즈베리 콩피튀르 (미리 만들어 둔 것) … 30g

마무리

플레인 도넛(p.24~27) … 30개

라즈베리 콩피튀르

1 재료를 전부 냄비에 넣고 골고루 저어가며 약간 중불로 가열한다. 설탕이 녹으면 강불로 바꾼다.

2 강불에서 점성이 생길 때까지 끓인다. 불을 끄고 보관용기에 담아 식힌다. 잔열이 사라지면 냉장고에 하룻밤 둔다.

라즈베리 글레이즈

1 버터를 중탕 또는 전자레인지로 데워 녹인다. 버터가 너무 뜨거워서 분리되면 글레이즈가 느끼해질 수 있으니 상태를 확인해 가며 녹인다.

2 볼에 뜨거운 물과 슈거파우더 1/2분량을 넣고 거품기로 섞는다. 골고루 섞이면 나머지 슈거파우더와 **1**을 넣고 섞는다. 섞는 동안 라즈베리 콩피튀르를 중탕이나 전자레인지를 이용해 체온 정도로 데운다.

3 **2**가 골고루 섞이면 따뜻하게 데운 라즈베리 콩피튀르를 넣고 섞는다. 전체적으로 매끄럽게 되면 완성이다. 보관용기에 담아 2℃ 냉장고에 하룻밤 둔다.

마무리

1 라즈베리 글레이즈를 전자레인지에 넣고 체온 정도로 데운다(데우는 법 p.29 참조).

2 플레인 도넛을 글레이즈에 담갔다 뺀 후 여분의 글레이즈를 덜어낸다(글레이즈 씌우는 법 p.29 참조).

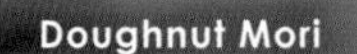

Doughnut Mori

Yakiimo Mascarpone

TOKYO
KURAMAE

베녜에 군고구마와 마스카르포네 크림을 가득 채워 일본 전통 과자 느낌으로 장식했습니다. 이탈리아산 마스카르포네에 비정제 설탕만을 넣어 담박하게 만든 크림과 버터를 담뿍 넣어 농후한 풍미를 살린 군고구마 크림이 서로 보완해 균형을 이룬답니다.

군고구마 마스카르포네

a

b

c

d

e

f

g

INGREDIENTS

베녜(120개분)
- 플레인 도넛(p.24~27)의 반죽 … 전량

군고구마 크림(39개분)
- 군고구마(시판용) … 1kg
- 비정제 설탕('스다키토우' 다이토제당) … 140g
- 우유 … 150g
- 버터 … 300g

마스카르포네 크림(14개분)
- 마스카르포네(이탈리아산) … 500g
- 비정제 설탕(상동) … 70g

베녜

1 플레인 도넛(p.24~27) 만들기의 탕종부터 성형까지의 과정을 동일하게 한다. 단 성형할 때 햄버거 프레스로 누른 뒤 구멍을 뚫지 않고 2차 발효한다(**a**). 그 후 과정도 똑같지만 튀길 때 한쪽 면을 각각 2분씩 튀기고 뒤집은 다음 그물망으로 위를 눌러가며 튀기는 점이 다르다(**b**).

군고구마 크림

1 군고구마를 체에 내린다. 믹싱볼에 군고구마와 설탕을 넣고 비터를 끼운 스탠드믹서에서 중속으로 덩어리가 사라질 때까지 섞는다.

2 체온 정도로 데운 우유에 녹인 버터를 넣고 섞어 둔다.

3 **1**에 **2**를 3번에 나누어 넣으면서 중속으로 균일한 상태가 될 때까지 섞는다. 볼에 옮겨 담고 랩을 씌운 뒤 맛이 숙성되도록 냉장고에 하룻밤 둔다.

4 전자레인지에 넣고 체온 정도로 데운 후 스탠드믹서로 매끄러운 상태가 될 때까지 풀어준다(**c**).

마스카르포네 크림

1 믹싱볼에 마스카르포네와 설탕을 넣고 휘퍼를 끼운 스탠드믹서에서 저속으로 섞는다. 설탕이 골고루 섞이면 완성이다(**d**). 너무 많이 섞으면 크림이 물러지니 주의한다.

마무리

1 베녜의 가운데를 가른다. 짤주머니(별깍지 6발·대)에 마스카르포네 크림을 채우고 베녜에 40g을 한 번에 짠다(**e**).

2 짤주머니(윌튼 팁깍지 4B)에 군고구마 크림을 채우고 마스카르포네 크림 위에 40g을 2~3번에 나누어 짠다(**f**).

3 도넛의 윗부분으로 크림을 덮고 슈거파우더를 체 쳐 뿌린다(**g**).

마스카르포네에 관해

다른 제품에 비해 풍미가 농후한 이탈리아 'GIGLIO'의 마스카르포네를 사용. 짙은 맛과 향을 살리기 위해 생크림은 넣지 않고 오로지 설탕만으로 단맛을 가미했다. 설탕은 깔끔하면서도 풍부한 감칠맛을 지닌 비정제 설탕을 선택. '마스카르포네와 설탕 모두 풍미가 뛰어난 재료들이여서 서로 잘 어우러진다.'(도넛모리·모리 히로유키)

도넛모리 창업 일지

캐주얼한 이미지의 도넛에
프랑스 디저트의 특징을 접목했다.

음식점이 즐비한 가구라자카 거리, 번화한 메인 도로에서 신사 옆을 지나다 보면 나오는 언덕길에 2020년 2월 작은 도넛 가게를 개점했다. 쫄깃한 반죽으로 만든 먹음직스러운 크기의 도넛은, 버터를 듬뿍 넣은 진한 글레이즈와 수제 콩피튀르가 아름답게 장식되어 일본 전통 과자를 연상시킨다. 고풍스러운 쇼케이스에 도넛이 가지런히 진열되어 있다. 처음 1년은 주말에만 영업하고 인스타그램만을 통해 소식을 전했음에도 불구하고 도넛 맛이 입소문을 타면서 매일 저녁 나절이면 매진되는 인기 매장이 되었다.

오너인 모리 히로유키 씨는 회사에 다니며 디저트 코스 전문점의 파티시에가 직강하는 '프로를 위한 프랑스 과자 수업'을 들었다. 2024년 1월에는 구라마에에 2호점을 오픈했다. 중앙 조리실의 기능도 갖춘 2호점의 주방에는 도우콘과 콜드 테이블, 디바이더 라운더기, 업소용 가스식 튀김기 같은 설비를 갖추어 최대 2000개 정도를 만들 수 있게 되었다. 현재 평일에는 500개 전후, 주말에는 1000개 정도를 만든다. 제조 스태프는 평일 5명, 주말은 7명이며 머지않아 새로운 매장의 오픈 가능성을 염두에 두고 있다.

도넛의 가격대는 400~600엔이며 선물용으로 3~4개씩 사 가는 손님이 대부분이지만 10개를 한꺼번에 사 가는 사람도 드물지 않다. 지금의 제조 시스템으로는 3호점까지만 매장 개점이 가능할 것으로 보여, 많은 이들이 맛볼 수 있도록 프랜차이즈 확장도 고려 중이다. 3일 동안 정성을 들여 만든 반죽. 엄선된 양질의 재료로 꾸민 아름다운 데커레이션. 캐주얼한 이미지에 프랑스 디저트의 특징을 접목해 탄생한 새로운 맛의 도넛을 더 넓은 지역에서 즐길 수 있는 날이 머지않아 보인다.

SHOP INFORMATION

구라마에점
도쿄도 다이토구 고마가타 1-5-5
11:00~18:00 (품절 시 영업종료)
Tel. 없음
가게 휴일은 인스타그램 참고
instagram@doughnutmori

오너 모리 히로유키

1987년 시마네현 출생. 문화복장학원 졸업 후 의류, 음식, 설계 등의 분야에서 근무했다. 2017년부터 직장과 병행하며 개업을 목표로 프랑스 제과점 'Cécile Éluard'에서 수학했다. 스승의 가게가 쉬는 날을 빌려 영업하거나 이벤트에 참가해 경험을 쌓은 후 스승의 가게 이전을 계기로 그 자리를 물려받아 부인 토모미 씨와 함께 개업했다. 2024년에는 구라마에에 2호점을 오픈했다.

전통적인 프랑스 과자 기법을 도넛에 활용하다

도넛 반죽의 레시피는 프랑스 과자를 알려준 'Cécile Éluard'의 스즈키 마사히토 씨의 조언을 받아 개발하고 개업 후에도 연구를 거듭해 완성했다. 링 도넛뿐만 아니라 프랑스식 둥근 도넛인 베녜도 판매한다. 베녜에 채워 넣는 크림 파티시에와 콩피튀르 등은 프랑스 과자 기법을 활용해 직접 만들었다. 링 도넛의 글레이즈에는 2년에 1번 수확하는 시칠리아산 최고급 피스타치오 페이스트와 벨기에산 커버처 초콜릿 등 프랑스 과자에 사용되는 최상의 재료를 아낌없이 넣어 더욱 특별하다.

탕종에 하룻밤, 반죽에 하룻밤, 3일에 걸쳐 완성한 정성이 깃든 맛

탕종은 밀가루 일부에 물을 넣고 가열해 전분화한 반죽으로 주로 식빵을 만들 때 쓴다. 탕종은 익반죽하고 하룻밤 숙성해 사용한다. 숙성한 탕종을 넣고 본반죽을 만들어 장시간 저온 발효시켜야 하므로 도넛을 완성하기 이틀 전부터 밑 준비를 시작할 필요가 있다. 시간과 노력을 비롯해 보관 장소도 확보해야 하는 어려움이 있지만, 장시간 숙성, 발효시킨 반죽은 맛이 좋고 보수성도 높아지기 때문에 일정한 맛을 오랜 시간 유지할 수 있다.

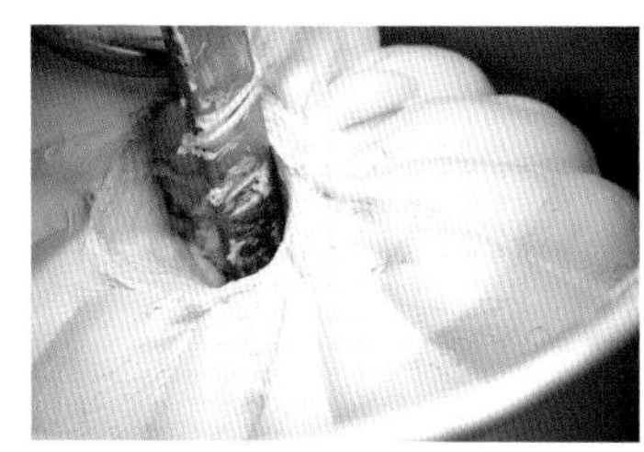

앤틱 가구와 창문으로 연출한 역사가 느껴지는 고풍스러운 분위기

도넛모리의 콘셉트는 친근한 이미지인 도넛에 프랑스 전통 과자의 요소를 접목한 특별한 도넛이다. 이는 감각적인 매장 내부에서부터 고스란히 느낄 수 있다. 진열장 안쪽에 자리 잡은 작업대와 찬장, 매장과 주방을 가르는 스테인드글라스의 문은 모두 1920년대 골동품이다. 조명은 차분한 분위기에 맞추어 황동 소재의 클래식한 제품을 선택했다. 모리 부부가 '프랑스 시골 마을의 외딴 오두막'을 모티브로 만든 가구라자카점과 느낌이 비슷하다. 2호점이 문을 연 구라마에는 아사쿠사에서 도보권 내 위치해 있으며 제조업이 모여 장인의 거리로 발전한 곳이다. 가구라자카처럼 마을의 역사가 살아 숨 쉬는 곳은 정성껏 만든 최고급 도넛을 선보이는 장소로도 안성맞춤이다.

취재 당일 라인업(총 14종)

이스트 도넛 7종
- 오리지널 글레이즈 421엔
- 초콜릿 글레이즈 421엔
- 프랑부아즈 글레이즈 421엔
- 피스타치오 글레이즈 529엔
- 참깨가루 글레이즈 421엔
- 캐러멜 호두 글레이즈 421엔
- 홍차 반죽과 바닐라 슈거 421엔

올드패션 2종
- 초콜릿 글레이즈 421엔
- 오리지널 글레이즈 421엔

베녜 4종
- 살구와 럼 421엔
- 펄슈거 버터 529엔
- 앙버터 529엔
- 군고구마 마스카르포네 626엔

기타 1종
- 도넛 홀 421엔

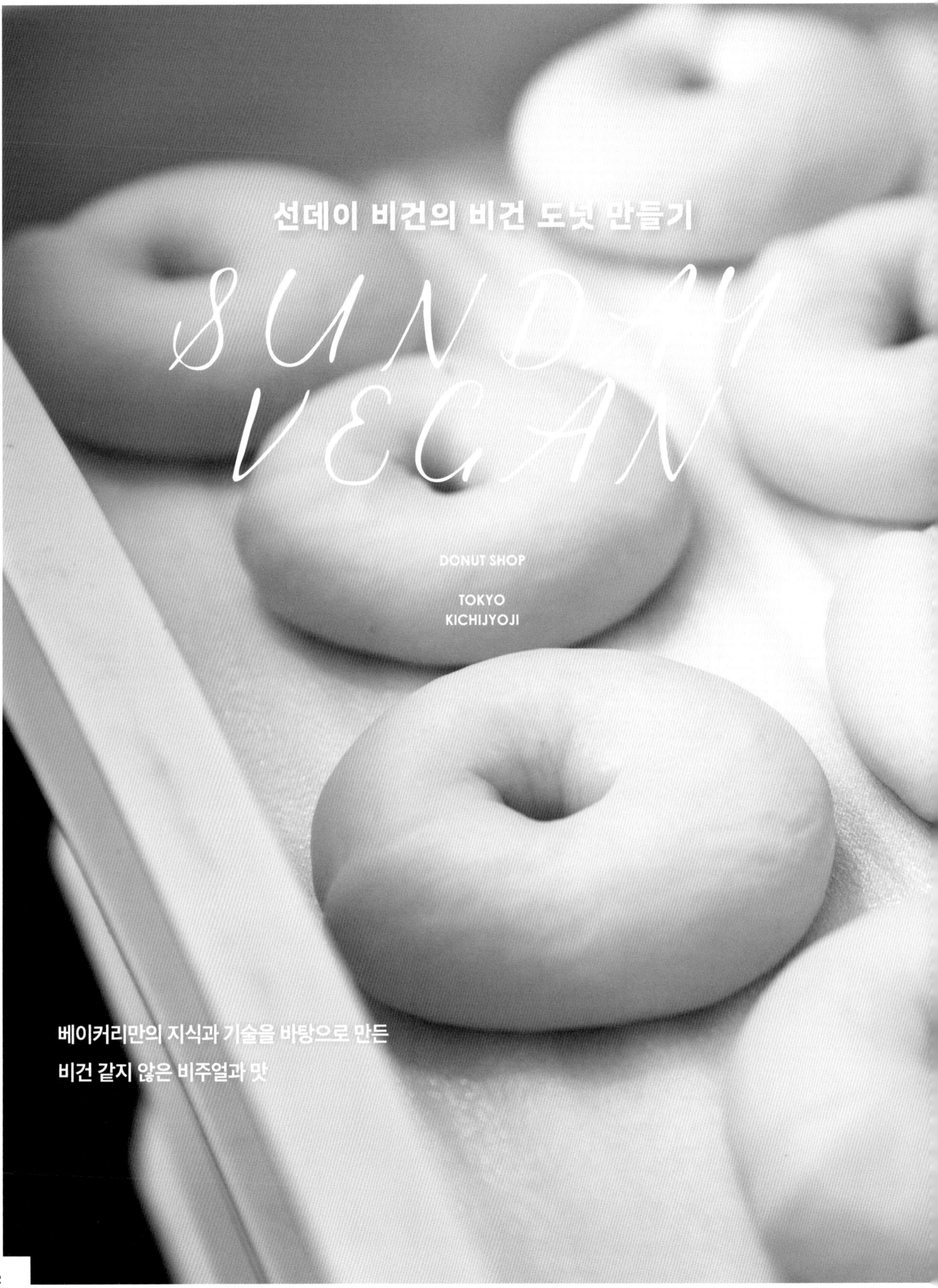

선데이 비건의 비건 도넛 만들기

SUNDAY VEGAN

DONUT SHOP

TOKYO
KICHIJYOJI

베이커리만의 지식과 기술을 바탕으로 만든
비건 같지 않은 비주얼과 맛

비건이 아니기에 만들 수 있는
맛있는 비건 도넛의 비밀

비건 식빵에는 동물유래 재료인 유제품과 달걀이 들어가지 않아서 약간 심심하면서 특유의 풍미가 나는 빵이 되기 쉽다. 특히 도넛은 반죽에 달걀과 버터를 많이 넣어 풍부한 맛을 내기 때문에, 달걀을 넣지 않는 대신 유제품을 대체할 수 있는 대두에서 유래한 유지나 크림의 비율을 높여 부족한 맛을 채우는 경우가 많다. 그러나 콩 제품을 너무 많이 사용하면 비건 도넛 특유의 풍미가 생길 확률이 높아진다.

SUNDAY VEGAN의 도넛에서는 이 '비건 도넛 특유의 풍미'가 느껴지지 않는다. 점장이자 모든 레시피를 만드는 야마구치 유키 씨는 그 이유를 "나를 포함한 모든 스태프가 비건이 아니기 때문"이라고 말한다. 전문 제빵사의 지혜와 기술을 모아 '빵 자체의 참된 맛'을 질릴 때까지 연구하고 제조법과 재료를 변형한 결과 SUNDAY VEGAN만의 맛이 완성되었다.

재료를 음미하고 제법을 궁리한다,
수많은 시행착오 끝에 완성한 레시피

이스트 도넛의 반죽은 장시간 저온 발효해 한층 깊은 맛을 낸다. 이스트는 저온, 고당 반죽에서도 발효가 잘되는 생이스트를 사용하고, 쫄깃한 식감이 오래가도록 반죽의 수분함량을 높였다. 밀가루는 보수성이 높고 노화가 더디며 확실한 맛을 내면서 작업성이 뛰어난 닛신제분의 '베루무랑'을 주로 사용하며 총 가루 재료의 20%는 저온에서도 볼륨이 살아나는 닛신제분의 '브리자도이노바'를 섞어 레시피를 조절했다. 또한 프랑스빵에 자주 쓰이는 르방을 직접 만들고 함께 반죽해 풍미를 살렸다.

대두 제품을 선정하는 것도 중요하다. 단순하게 유제품 대용이 아니라 제품 자체의 맛이 뛰어난 것을 엄선한다. 두유 휘핑크림을 도넛에 채우면 은근히 올라오는 콩 특유의 향을 잡기 위해 제과제빵에 사용되는 온갖 종류의 양주를 맛본 후에야 키르슈를 선택하기도 했다. 이렇듯 모두가 만족할 만한 레시피를 얻기 위해 시행착오를 거듭했다. 코코아 반죽에 향과 풍미가 다른 2종류의 카카오파우더를 사용하고 크림 도넛에는 5종류의 베리로 만든 수제 잼을 넣고 마무리에 베리파우더가 들어간 설탕을 뿌리는 등 향기나 맛을 다양하게 쌓아 올려 극한의 만족감을 선사하는 도넛을 만들고 있다.

SUNDAY VEGAN의

비건 번즈 카카오

DAY1

- **비건 번즈 반죽 믹싱**

버티컬믹서(후크) 유지(재료 B)를 뺀 나머지를 넣고 저속 3분→중속 3분→고속 3분→유지 투입→ 저속 3분→중속 3분→고속 3분
반죽 완성 온도 21℃

- **비건 번즈 카카오 반죽 믹싱**

비건 번즈 반죽에
카카오파우더를 넣고 고속 3분

분할·둥글리기
60g·원형

1차 발효
-4℃·10시간

찬기빼기·펀치·성형
실온(21℃)·30분→펀치 1회→2절 접기→동그랗게 만들기

2차 발효
35℃·습도 80%·1시간

건조
실온(21℃)·몇 분

튀기기
유기농 쇼트닝(180℃)
바로 위아래 뒤집기→1분 30초→위아래 뒤집기→1분 30초→위아래 뒤집기→20초

식히기
실온(약 21℃)·약 20분

INGREDIENTS

- **비건 번즈 반죽(약 33개분)**

A
강력분('베루무랑' 닛신제분) … 800g/80%
강력분('브리자도이노바' 닛신제분) … 200g/20%
비정제 설탕('키비라' 다이토제당) … 150g/15%
소금 … 15g/1.5%
생이스트('US이스트' 오리엔탈효모공업) … 40g/4%
물 … 620g/62%
르방리퀴드(하단 참조) … 50g/5%

B
유기농 쇼트닝(다봉오가닉·재팬) … 100g/10%
무염 두유크림버터('소이레부르' 후지세이유) … 50g/5%

- **비건 번즈 카카오 반죽(10개분)**

비건 번즈 반죽(미리 만들어 둔 것) … 530g
아마존 카카오파우더(무가당) … 20g
카카오파우더(카카오100%·무가당) … 8g
물 … 42g
튀김유(유기농 쇼트닝·상동) … 적당량

르방리퀴드
주로 바게트나 캄파뉴같은 하드 계열 빵에 쓰이는 액상 효모종이다. SUNDAY VEGAN에서는 '르방30'이라는 르방리퀴드 제조 전용 기계를 사용해 직접 만든다.

DAY 1 ● **비건 번즈 반죽**(사진은 6배 분량)

믹싱

1 재료 **A**의 생이스트에 물 중 일부를 넣고 섞어 잠시 둔다.

2 버티컬믹서에 후크를 끼우고 믹싱볼에 재료 **A**를 넣는다. 저속으로 3분 정도 섞는다. 가루가 날리지 않는 정도가 되면 중속으로 3분간 믹싱하고 탄력이 생기면 고속으로 3분간 믹싱한다.

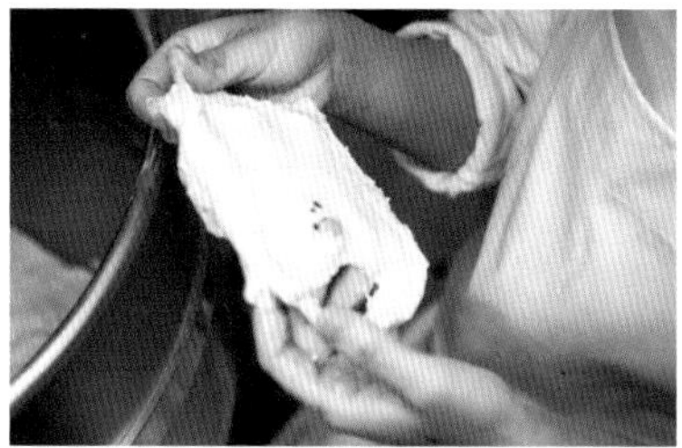

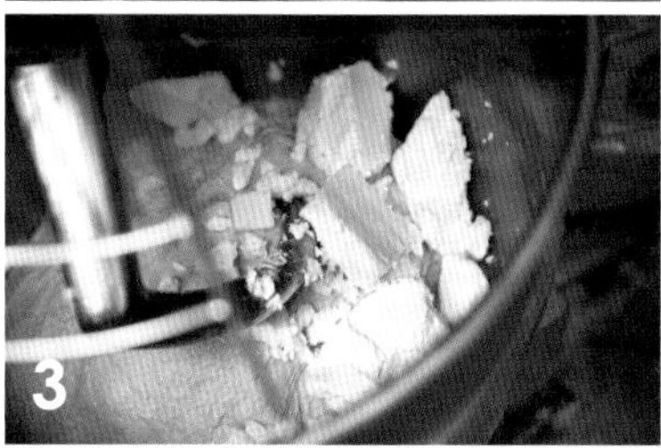

글루텐 체크를 하고 얇게 잘 늘어나면 재료 **B**를 넣는다.

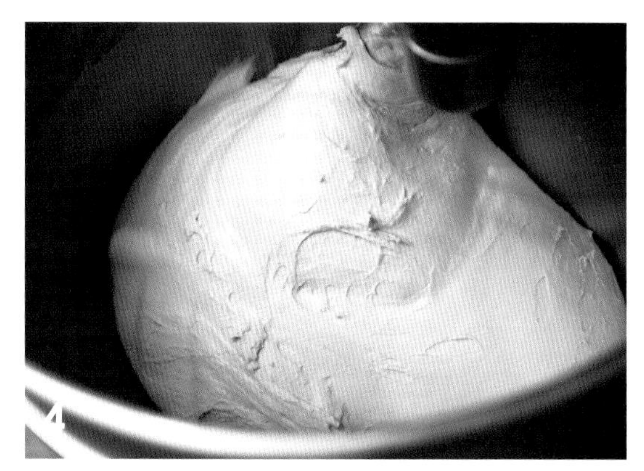

저속으로 3분간 믹싱하고 재료 **B**가 반죽에 완전히 스며들면 중속으로 바꾸어 3분 더 믹싱한다. 탄력이 생기면 고속으로 3분 더 믹싱한다. 사진은 반죽이 끝난 상태.

온도가 21℃까지 오르지 않으면 고속으로 조금 더 믹싱한다. 19℃부터는 1분간 믹싱하면 1℃ 정도 상승한다.

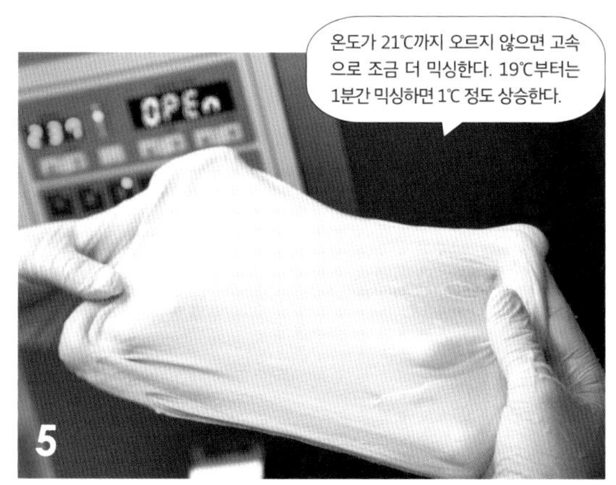

반죽 완성 온도는 21℃. 표면이 매끄럽고 잘 늘어나는 상태가 되면 완성이다.

6 카카오 번즈 반죽용 분량은 믹싱볼에 남겨두고 나머지 반죽은 꺼낸다. 두 반죽 모두 분할·둥글리기부터 튀기기까지의 과정은 동일하다.

• 비건 번즈 카카오 반죽(사진은 레시피의 10배 분량)

믹싱

두 종류의 카카오파우더와 물을 섞어둔다.

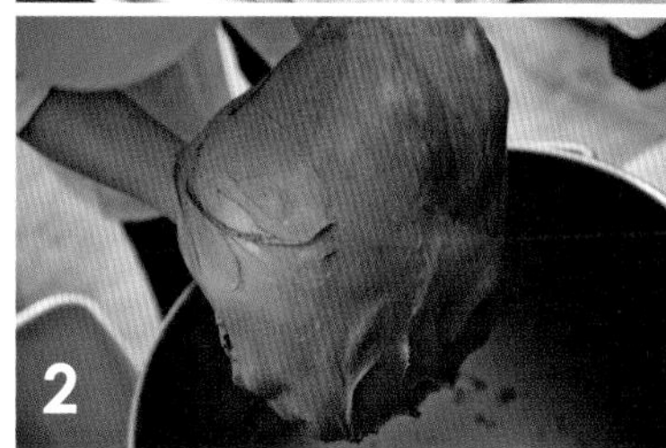

완성된 비건 번즈 반죽이 들어 있는 믹싱볼에 **1**을 넣고 고속으로 3분간 믹싱한다(아래 사진은 완성된 반죽).

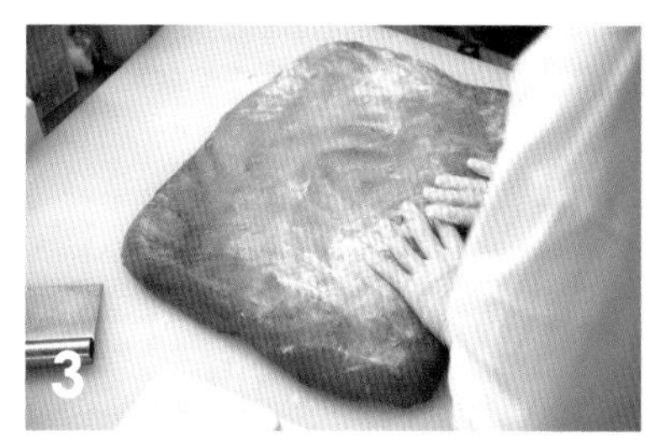

반죽을 작업대에 올리고 분할하기 쉽도록 일정한 두께의 직사각형 모양으로 다듬는다.

분할·둥글리기

60g씩 분할한다. 손으로 반죽을 감싸 잡고 작업대 위에서 빙글빙글 원을 그리듯이 굴려 둥글리기 한다.

1차 발효

트레이에 폴리에틸렌 완충 시트를 깔고 그 위에 둥글리기한 반죽을 나란히 올린다. -4℃의 도우콘에서 10시간 발효시킨다. 아래 사진의 오른쪽이 발효 전, 왼쪽이 발효 후.

찬기빼기

반죽을 실온(21℃)에 30분간 두고 찬기를 뺀다. 만졌을 때 반죽이 살짝 말랑해진 느낌이 들면 성형으로 넘어간다.

펀치·성형

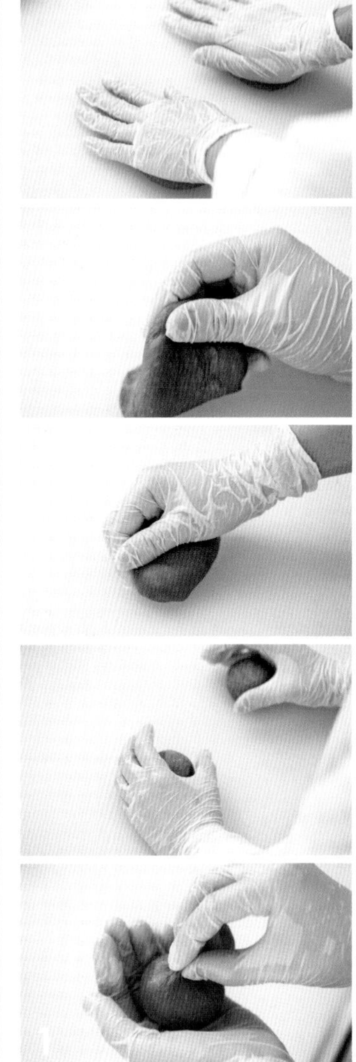

반죽을 손바닥으로 눌러 가스를 빼고 반으로 접는다. 작업대 위에서 빙글빙글 원을 그리듯이 굴려 둥글리기를 한다. 밑면의 이음매를 꼬집어 붙인다. 완충 시트를 깐 반죽 보관함에 나란히 넣는다.

2차 발효·건조

35℃·습도 80%의 발효기에서 1시간 발효시킨다. 발효기에서 꺼내 반죽 표면이 마를 때까지 실온에 둔다. 위 사진은 발효 전, 아래 사진은 발효 후.

튀기기

튀김기(유기농 쇼트닝·180℃)에 반죽을 넣고 바로 위아래를 뒤집는다. 1분 30초간 튀긴 다음 다시 위아래를 뒤집어 1분 30초간 튀긴다. 다시 한번 뒤집고 20초 더 튀긴다.

튀기는 동안 표면에 커다란 기포가 생기면 이쑤시개로 눌러 터트린다.

식힘망에 올려 기름기를 빼고 실온(21℃)에서 약 20분간 식힌다.

SUNDAY VEGAN

MOCHI

TOKYO
KICHIJYOJI

글루텐 프리&비건 도넛입니다. 쌀가루 전용 품종으로 개발된 '에미타타와'를 만나 탄생했지요. 쫀득쫀득 씹는 맛이 좋고 깊은 맛이 나는 반죽으로 안에 흑설탕 조청과 앙금을 듬뿍 넣어 만 다음 콩가루를 뿌려 전통적인 맛을 구현했답니다.

SUNDAY VEGAN의

쌀가루 도넛

DAY1

쌀가루 탕종
65℃까지 가열→잔열 식히기

믹싱
스탠드믹서(비터) 쌀가루 탕종만 넣고
중속 3~4분→설탕·소금 투입→
저속 1분 미만→중속 2~3분→
쌀가루 빵믹스·물 투입→
저속 1분 미만→중속 2~3분→
생이스트 투입→고속 4분→
참기름 투입→고속 4분

1차 발효
35℃·습도 80%·40분

분할·성형
긴 직사각형 모양(65g)→
흑설탕 조청·앙금을 반죽으로 감싸기→
긴 막대 모양으로 늘리기→링 모양

벤치 타임
35℃·습도 80%·20분

튀기기
유기농 쇼트닝(180℃) 2분→
위아래를 뒤집어 2분

식히기
실온(약 21℃)·약 20분

마무리
콩가루 설탕 뿌리기

INGREDIENTS (약 15개분)

쌀가루 탕종(완성된 반죽량 520g)
쌀가루 빵믹스('에미타타와 쌀가루빵믹스' 효우시로우팜) … 85g
물 … 475g
반죽
쌀가루 탕종(미리 만들어 둔 것) … 전량
쌀가루 빵믹스(상동) … 340g
비정제 설탕('키비라' 다이토제당) … 51g
소금('고토나다 소금' 이소시오) … 5.1g
물 … 17g+42.5g
생이스트('US이스트' 오리엔탈효모공업) … 17g
베이킹용 참기름(타이하쿠 고마유) … 51g
흑설탕 조청(시판, 쿠로미츠) … 30g
앙금(시판) … 300g
유기농 쇼트닝(다봉오가닉·재팬) … 적당량
마무리
콩가루 설탕* … 적당량
* 콩가루 100g, 비트 그래뉴당 100g, 소금(상동) 0.5g을 위생 비닐에 넣어 섞는다. 보관용기에 담아 보관한다.

DAY 1 쌀가루 탕종

테프론 프라이팬에 재료를 넣고 섞는다.

중불에서 골고루 저어가며 가열한다.

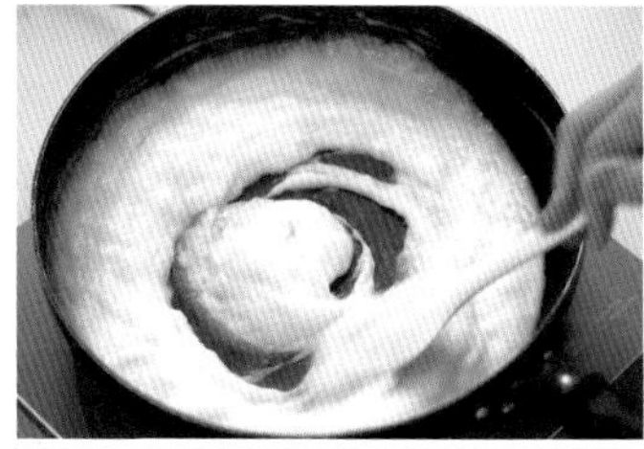

조금씩 찰기가 돌아 반죽이 한 덩어리가 되면서 투명감이 생긴다. 65℃가 되면 불에서 내린 뒤 골고루 저어가며 잔열을 식힌다.

믹싱

생이스트에 물(17g)을 넣고 섞어둔다.

스탠드믹서에 비터를 끼우고 쌀가루 탕종을 넣어 중속으로 3~4분간 섞어가며 식힌다.

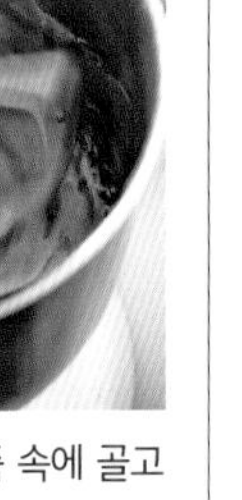

비정제 설탕과 소금을 넣고 반죽 속에 골고루 퍼지도록 저속으로 섞고(약 1분 미만), 중속에서 2~3분간 믹싱한다.

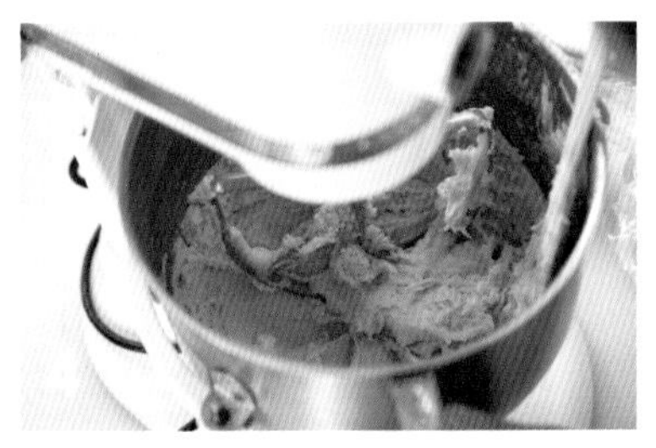

먼저 쌀가루 빵믹스를 넣고 다음에 물(42.5g)을 넣는다. 가루가 골고루 섞이도록 저속으로 섞고(약 1분 미만), 중속에서 부드러운 페이스트 상태가 될 때까지 2~3분간 믹싱한다. 중간중간 고무주걱으로 볼 옆면에 붙은 반죽을 긁어내며 섞는다.

1을 넣고 고속으로 4분간 믹싱한다.

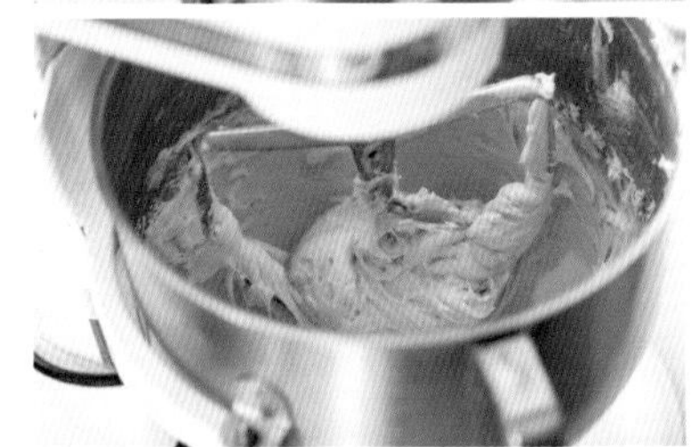

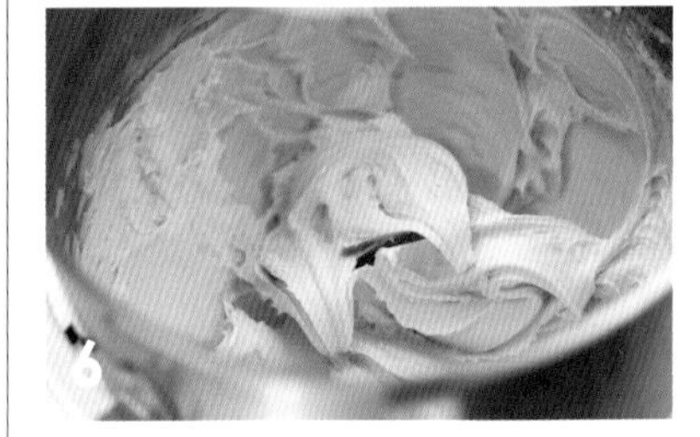

믹싱하면서 베이킹용 참기름을 조금씩 흘려 넣는다. 고속으로 4분간 믹싱한다. 표면이 매끄럽고 잘 늘어나는 상태가 되면 완성이다(아래 사진).

1차 발효

반죽이 수분이 많고 끈적거리므로 볼에 반죽이 달라붙지 않도록 철판이형제(분량 외)를 뿌려둔다.

1의 볼에 반죽을 넣고 랩을 반죽 표면에 밀착시켜 씌운다. 35℃·습도 80%의 도우콘에 넣어 40분간 발효시킨다. 위 사진이 발효 전, 아래 사진이 발효 후.

분할·성형

반죽을 작업대에 올리고 덧가루(강력분)를 넉넉히 뿌린다. 두께 1cm의 직사각형 모양으로 밀어 편다. 65g씩 직사각형 모양으로 분할한다.

반죽을 손으로 눌러 가로 5~6cm, 세로 10cm의 직사각형 모양으로 만든다. 가운데 직선을 그리듯이 흑설탕 조청을 2g씩 짠다(양쪽 끝은 사진처럼 1cm씩 남겨둔다).

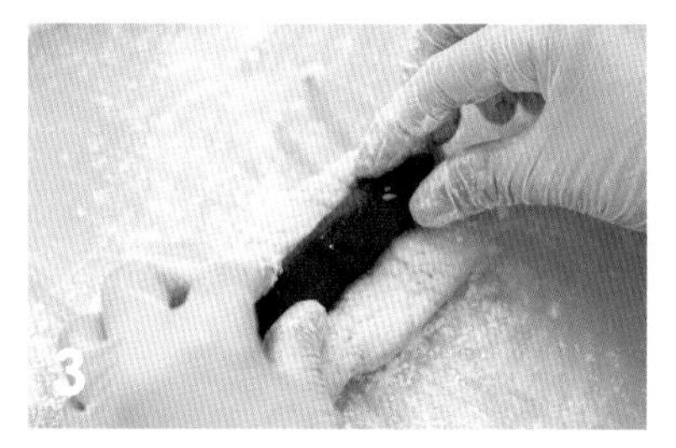

앙금을 7~8cm 길이의 막대 모양으로 만들어 둔 다음 **2**의 흑설탕 조청 위에 올린다.

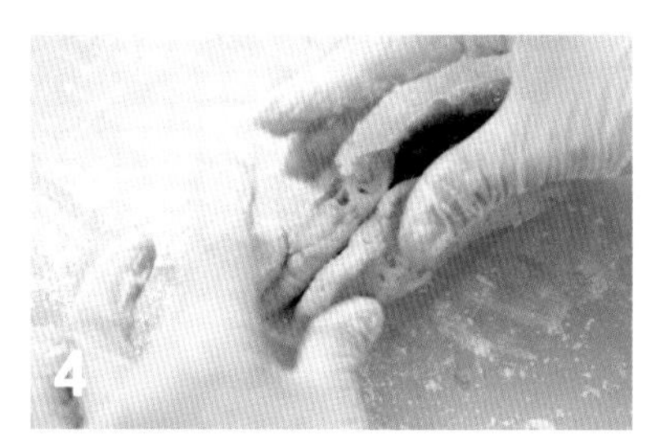

반죽으로 앙금을 감싸 원형 막대 모양으로 만든다.

작업대 위에서 5~6회 손으로 굴려 가며 일정한 두께의 원형 막대 모양으로 성형한다.

한쪽 끝을 납작해지도록 손으로 누른다.

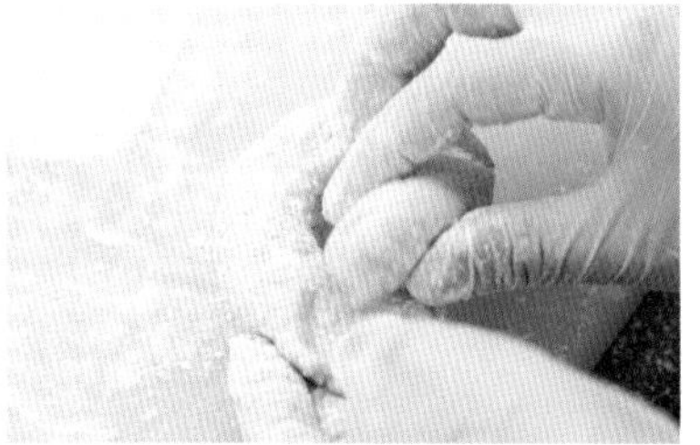

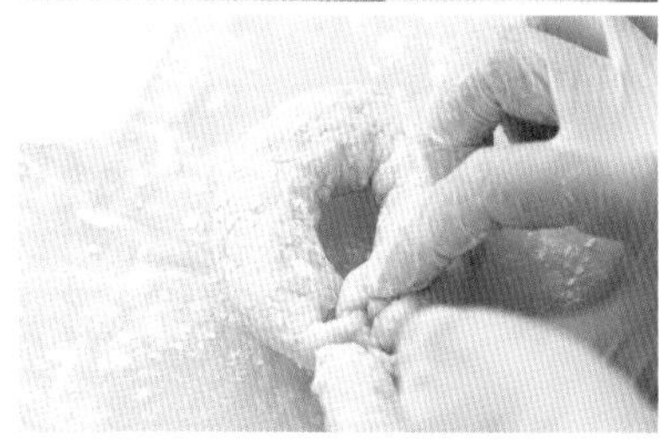

납작하게 누른 부분이 반대쪽 반죽을 감싸안듯이 이어 붙여 링 모양을 만든다.

벤치 타임

트레이에 폴리에틸렌 완충 시트를 깔고 철판이형제(분량 외)를 뿌린다. 종이 유산지를 링 모양 반죽보다 약간 크게 자른다. 반죽 위에 유산지를 올리고 조심스럽게 뒤집어 폴리에틸렌 시트 위로 옮긴다. 35℃·습도 80%의 도우콘에서 20분간 벤치 타임을 갖는다.

폴리에틸렌 완충 시트는 종이 유산지나 실리콘 매트보다 반죽이 덜 들러붙는다. 모찌 반죽은 다른 반죽에 비해 달라붙기 쉽고 다루기 어렵기 때문에 폴리에틸렌 시트에 철판이형제까지 뿌려 붙는 것을 방지한다.

튀기기

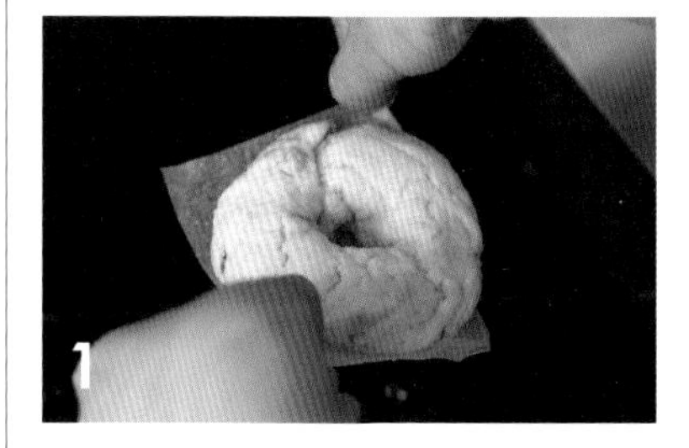

튀김기(유기농 쇼트닝·180℃)에 종이 유산지째 반죽을 들어 그대로 넣는다.

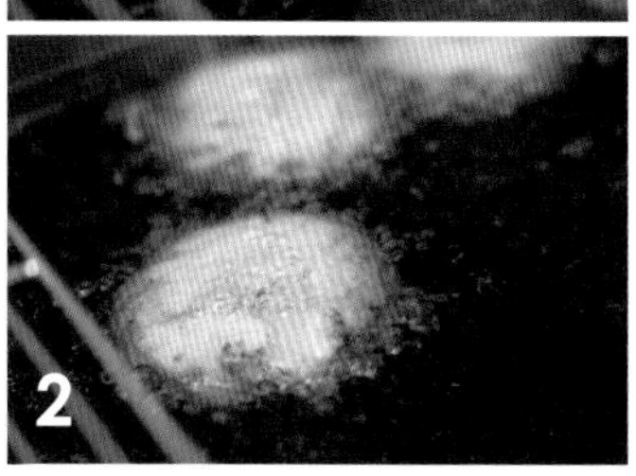

2분간 튀기고 위아래를 뒤집어 2분 튀긴다. 종이 유산지가 분리되면 집게로 유산지를 꺼낸다.

식힘망에 올려 기름기를 빼고 실온(21℃)에서 약 20분간 식힌다.

잔열이 식으면 콩가루 설탕을 듬뿍 묻힌다.

SUNDAY VEGAN

Carrot

TOKYO
KICHIJYOJI

당근 케이크에서 영감을 받아 만든 케이크 도넛입니다. 몰라세스와 스파이스가 당근의 풍미를 한껏 북돋아 주지요. 윗면에 자국을 내 튀기면 자연스러운 크랙이 생겨 개성 있는 모양이 될 뿐만 아니라 식감도 바삭해집니다. 반죽에 넣은 시리얼 덕분에 씹을 때마다 입안이 즐겁답니다.

캐롯

INGREDIENTS (약 20개분)

당근 … 300g

A

- 몰라세스*[1] … 42g
- 두유 … 84g
- 아마씨파우더 … 12.5g

B

- 박력분('쿠헨' 에베츠제분) … 577g
- 비정제 설탕('키비라' 다이토제당) … 276g
- 오트밀*[1] … 75g
- 오트밀파우더 … 138g
- 시나몬파우더 … 3.8g
- 올스파이스파우더 … 3.8g
- 베이킹파우더*[2] … 12.5g

코코넛 오일*[1] … 125g

유기농 쇼트닝(다봉오가닉·재팬) … 적당량

*[1] 유기농 제품.

*[2] 알루미늄 프리 제품.

1 당근은 채칼로 굵게 채썬다. 냄비에 재료 **A**를 넣고 점성이 생기고 체온 정도로 따뜻해질 때까지 저어가며 가열한다.

2 믹싱볼에 **1**과 재료 **B**를 넣고 코코넛 오일을 골고루 둘러 뿌린다. 스탠드믹서에 비터를 끼우고 저속으로 1분간 섞는다. 전체적으로 섞이면 중속에서 1분, 가루가 보이지 않게 되면 고속에서 2~3분간 믹싱한다. 믹싱이 과하면 글루텐이 많이 생겨 식감이 무거워질 수 있으니 주의한다.

3 반죽을 작업대에 올리고 덧가루(강력분)를 뿌린 다음 80g씩 분할한다.

4 작업대 위에서 5~6회 손으로 굴려 가며 20cm 길이의 얇은 원형 막대 모양으로 성형한다. 한쪽 끝을 납작해지도록 손으로 누른다. 납작하게 누른 부분이 반대쪽 반죽을 감싸안듯이 이어 붙여 링 모양을 만든다. 지름 6.5cm 크기의 원형 커터를 윗면에 0.5cm 깊이로 눌렀다 떼어내 튀겼을 때 자연스럽게 갈라지는 자국을 만든다. 그대로 냉장고에 보관한다.

5 **4**를 실온(약 20℃)에 20분간 두어 반해동 상태로 만든다. 만졌을 때 표면이 부드러운 정도가 좋다.

6 튀김기(유기농 쇼트닝·180℃)에 반죽을 넣고 1분 30초간 튀긴다. 위아래를 뒤집고 1분 30초 더 튀긴다. 식힘망에 올려 기름기를 빼고 실온에서 식힌다.

베리 카카오

INGREDIENTS

베리잼(미리 만들어 두는 양)
라즈베리(냉동) … 250g
레드커런트(냉동) … 250g
블루베리(냉동) … 250g
블랙베리(냉동) … 250g
라즈베리 퓌레(브와롱) … 1kg
비트 그래뉴당 … 1kg
유기농 레몬즙 … 100g

비건 샹티(미리 만들어 두는 양)
두유 휘핑크림('코쿠리무휩쿠레루' 후지세이유) … 1kg
비트 그래뉴당 … 70g
키르슈 … 6g

베리 크림(미리 만들어 두는 양)
라즈베리(동결 건조) … 20g
베리잼(미리 만들어 둔 것) … 300g
비건 샹티(미리 만들어 둔 것) … 전량

베리 슈거(미리 만들어 두는 양)
라즈베리파우더 … 50g
비트 그래뉴당 … 1kg

마무리(1개분)
비건 번즈 카카오(p.38~41) … 1개
베리 크림(미리 만들어 둔 것) … 30g
베리 슈거(미리 만들어 둔 것) … 적당량

쌉싸름한 맛의 카카오 반죽에 화사한 베리 향의 크림을 듬뿍 채운 비건 도넛입니다. 크림에는 네 가지 베리와 라즈베리 퓌레를, 도넛 위에 뿌리는 베리 슈거에는 동결 건조 베리파우더를 사용해 다채로운 맛과 향이 입안 가득 퍼진답니다.

a

b

c

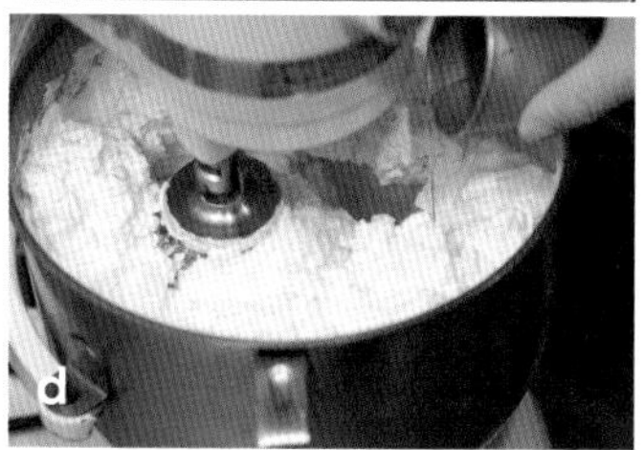

d

e

f

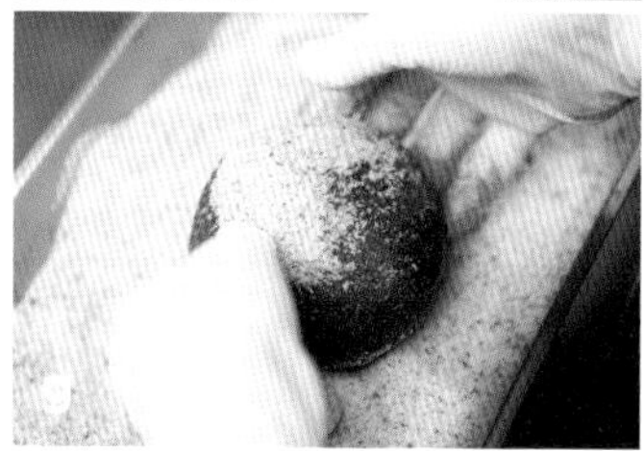

g

베리잼

1 냉동 베리 4종과 퓌레는 전날 미리 계량해 두고 냉장고에서 하룻밤 해동시킨다.

2 냄비에 **1**과 그 밖의 재료를 모두 넣고 섞는다. 고무주걱으로 저어가며 중불로 가열한다. 그래뉴당이 녹으면 보글보글 끓어오를 정도로 불세기를 조절하고 타지 않도록 골고루 저어가며 1시간 정도 끓인다(**a**).

3 물에 잼을 떨어트렸을 때 녹지 않고 굳어(**b**) 덩어리지는 상태가 되면 완성이다. 실온에서 잔열을 식힌 다음 냉장고에 하룻밤 둔다.

비건 샹티(사진은 2배량)

1 스탠드믹서에 휘퍼를 끼우고 두유 휘핑크림과 비트 그래뉴당을 넣어 단단하게 휘핑한다. 키르슈를 넣고 중속으로 섞는다(**d**).

베리 크림

1 위생 비닐에 라즈베리를 넣고 손으로 으깬다. 약간 질감이 느껴지는 정도가 좋으니 너무 곱게 으깨지 않도록 주의한다.

2 볼에 **1**과 나머지 재료를 넣고 고무주걱으로 골고루 섞는다(**e**).

베리 슈거

1 위생 비닐에 재료를 넣고 골고루 흔들어 섞는다. 넉넉히 만들어 두고 병에 담아 보관한다.

마무리

1 도넛 옆면에 작은 칼을 집어넣고 사진의 점선 모양으로 칼집을 넣어 크림이 들어갈 자리를 만든다(**f**).

2 원형깍지를 끼운 짤주머니에 베리 크림을 넣고 **1**에 30g씩 채운다. 겉면에 베리 슈거를 듬뿍 뿌려 묻힌다(**g**).

SUNDAY VEGAN

Lemon

TOKYO
KICHIJYOJI

재료 고유의 맛을 백분 끌어낸 비건 도넛에 레몬 아이싱을 곁들인 스테디셀러 중 하나입니다. 싱그러우면서도 섬세한 레몬의 산미가 풍부하게 느껴지는 도넛으로 아이싱에는 레몬 껍질을 갈아 넣어 더욱 상큼하답니다. 한 가지 재료로 맛을 낸 심플한 레시피라 반죽의 풍미가 맛을 좌우하는 키포인트지요.

레몬

INGREDIENTS

반죽(10개분)
비건 번즈 반죽(p.38~39) … 600g
유기농 쇼트닝(다봉오가닉·재팬) … 적당량
레몬 아이싱(미리 만들어 두는 양)
슈거파우더 … 1.2kg
유기농 레몬즙 … 210g
레몬껍질 간 것 … 10g

반죽

분할·둥글리기·1차 발효

1 비건 번즈 반죽을 60g씩 분할하고 작업대 위에서 빙글빙글 원을 그리듯이 굴려 둥글리기를 한다. 밑면의 이음매를 꼬집어 붙이고 트레이에 나란히 올린다. -4℃의 도우콘에서 10시간 발효시킨다.

성형

2 반죽에 덧가루를 뿌리고 몰더(반죽을 눌러 펴고 막대 모양으로 말아 성형하는 제빵용 기계)에 넣어 성형한다. 작업대에 올리고 양손으로 굴려 약 20cm 길이로 늘린다. 한쪽 끝을 납작해지도록 손으로 누르고 납작하게 누른 부분이 반대쪽 반죽을 감싸 안듯이 이어 붙여 링 모양을 만든다. 이음매를 꼬집어 붙인다.

2차 발효

3 35℃·습도 80%의 도우콘에서 30~40분간 발효시킨다. 도우콘에서 꺼내 반죽 표면이 마를 때까지 실온에 둔다.

튀기기

4 튀김기(유기농 쇼트닝·180℃)에 반죽을 넣고 바로 위아래를 뒤집는다. 2분간 튀긴 다음 다시 위아래를 뒤집어 2분간 튀긴다. 마지막에 다시 한번 뒤집고 10초 더 튀긴다.
→ 튀김기에 반죽을 넣고 바로 뒤집으면 기름을 덜 먹는다.

5 식힘망에 올려 기름기를 빼고 실온에서 식힌다.

레몬 아이싱

1 볼에 슈거파우더를 넣고 유기농 레몬즙을 넣어 섞는다. 부드러운 페이스트 상태가 되면 간 레몬 껍질을 넣고 섞는다.

마무리

1 도넛을 잡고 레몬 아이싱에 중간 부분까지 담갔다 뺀다. 여분의 글레이즈가 떨어질 때까지 잠시 기다린다.

2 레몬 아이싱이 마를 때까지 실온에 둔다.

SUNDAY VEGAN 창업 일지

말하기 전까지 아무도 모르는,
비건이지만 맛있는 도넛

첫 시작은 코로나 시기였다. 위기 경보 발령 후 도심의 음식점은 모두 고전을 면치 못했다. 신주쿠 중앙 공원을 바라보는 디자인 호텔 'THE KNOT TOKYO Shinjuku'의 1층에 자리 잡은 'MORETHAN BAKERY'도 예외는 아니었다. 그렇다고 손 놓고 있을 수 없었던 점장 야마구치 유키 씨는 2020년 9월부터 'SUNDAY VEGAN'이라는 이름으로 매주 일요일에 비건빵만을 판매하는 이벤트를 시작했다. 비건이라는 것에 안주하지 않고 맛도 좋은 비건 디저트를 개발하자 인근의 손님을 시작으로 방문객이 늘어나 순식간에 평일 매상을 넘어섰다. 그중에서도 가장 인기 있는 디저트가 도넛이었다.

2023년 5월, 키치죠지에 이벤트 명을 딴 도넛 전문점을 개점했다. 입지는 키치죠지역에서 이노카시라 공원으로 이어지는 번화가로 유동 인구는 많지만 장사가 안돼 힘들어 하는 가게도 많은 곳이다. 그러나 'SUNDAY VEGAN'의 새롭고 맛있는 디저트는 최신 트렌드에 민감한 키치죠지 사람들의 마음을 빠르게 사로잡았다. 평일에는 인근 주민과 직장인, 학생의 발길이 끊이지 않고 주말에는 다른 지역에서 찾아온 이들로 인산인해를 이룬다.

개점 시간은 오전 8시. 공원에서 산책을 즐기는 사람이나 출근 또는 통학길에 들리는 손님이 많다. 피크타임은 근처 식당에서 점심 식사를 마친 사람들이 간식을 사러 오는 오후 2~3시경이다. 날에 따라서 4시쯤이면 매진되기도 한다. 제조 스태프는 평일에 2명, 주말에 3명이며 그 외 판매 직원이 1명 있다. 주방과 매장을 합쳐 13평이 조금 넘는 작은 공간에서 도넛 약 12종과 구움 과자 5종을 만들고 있다. 평일 판매량은 400~500개. 이노카시라 공원에 벚꽃이 만개하는 시기에는 700개를 판매하는 날도 드물지 않다.

음식점 간의 생존 경쟁이 치열한 키치죠지 상권에서 '공원 옆의 도넛 가게'로 명성을 얻은 'SUNDAY VEGAN'은 벌써 거리를 대표하는 맛집으로 인정받고 있다.

SHOP INFORMATION

도쿄도 무사시노시 키치죠지 미나미초 1-15-6
Tel. 없음
8:00~17:00
가게휴일은 인스타그램 참고
instagram@we_are_sundayvegan

점장 야마구치 유키

1982년 도쿄도 출신. 전문학교 졸업 후 프랑스 음식점 'BOWERY KITCHEN'(도쿄·코마자와), 'BASEL'(도쿄·하치오지) 등을 거쳐 'Ron Herman Cafe'(도쿄·진구마에)에서 8년간 셰프로 근무했다. 그 후 주식회사 MOTHERS에 입사, 'MORETHAN BAKERY'의 출점부터 점장, 자회사 베이커리의 샌드위치 부분 셰프를 역임하고 있다.

의류 매장 디자인에서 영감을 받아, 사람의 몸과 마음에 딱 맞는 인테리어로

가장 신경 쓴 부분은 드나들기 쉬운 입구 만들기. 문은 맨 위까지 유리로 된 미닫이문으로 바람과 빛이 매장 안까지 들어올 수 있게 영업 중에는 가능한 한 열어둔다. 주방 사이의 칸막이도 유리로 만들어 개방감을 주었다. 가게는 의류 매장 인테리어를 전문으로 하는 디자인 팀에게 의뢰했다. 선반이나 디스플레이의 높이, 공간의 여백이나 동선 등 세세한 부분까지 아늑한 공간으로 느낄 수 있게 설계했다. 색감은 녹색과 나무 색상을 이용해 공원과의 연결감을 주는 차분한 톤으로 마무리해 남녀노소 호불호 없이 방문할 수 있는 편안한 가게를 만들고자 했다.

사진에 담고 싶어지는 디스플레이

디스플레이는 높낮이를 바꾸어 율동감을 주었다. 언뜻 무작위로 놓은 듯 보이지만 자연스럽게 시선이 옆으로 유도되기 때문에 눈길을 따라 고르는 재미가 생긴다. 도넛이 담긴 접시는 캐나다 디자이너 제니아테일러의 제품으로 유기농 대나무와 옥수수 전분을 사용해 만든 것이다. 비비드한 색감과 사랑스러운 패턴 디자인이 도넛을 더욱 돋보이게 한다. 차례를 기다리던 손님이 홀린 듯 사진을 찍는 모습도 종종 볼 수 있다. 매장 안쪽 선반에는 도넛을 만들 때 사용하는 유기농 오트 밀크 같은 엄선된 식재료가 진열되어 있다. 판매하는 식재료는 생산자를 만나 제품에 대한 철학과 애정을 확인한 후 선택한다. 디자인적으로도 뛰어나 지인 또는 자신에게 주는 선물로 구입하는 이들이 많다.

3가지 타입의 반죽, 베이커리이기에 가능한 폭넓은 제품군

플레인이나 이스트 도넛 반죽 한 가지를 글레이즈와 토핑으로 변주해 나가는 가게가 많다. 그러나 'SUNDAY VEGAN'은 이스트 도넛 2종, 케이크 도넛은 3~4종, 쌀가루 도넛 1종, 총 7가지 반죽을 다채롭게 활용해 메뉴를 구성한다.

취재 당일 라인업(총 13종)

크림 도넛 4종
- 커스터드 330엔
- 초콜릿 390엔
- 캐러멜 390엔
- 베리 카카오 400엔

이스트 도넛 4종
- 슈거 190엔
- 시나몬 190엔
- 레몬 220엔
- 코코넛 카카오 230엔

케이크 도넛 4종
- 밀크 도넛 300엔
- 캐롯 350엔
- 커피 350엔
- 밀크 도넛 홀 300엔

쌀가루 도넛 1종
- 모찌 400엔

하구지 도넛의 반죽 만들기

HUGSY DOUGHNUT

DONUT SHOP

TOKYO
SEISEKI-SAKURAGAOKA

말랑하고 쫄깃한 먹음직스러운 도넛.

무수한 도전 끝에 탄생한 유일무이한 맛.

자신의 미각을 믿고 최고의 맛을 찾아가다

레시피는 개점을 코앞에 두고서야 완성되었다. 제조를 담당하는 아내 마츠카와 유미 씨는 오픈 2개월 전부터 만족스러운 레시피를 찾기 위해 매장에서 막차를 타고 집에 돌아가거나, 떠오르는 여러 재료와 레시피를 조합해 새벽까지 만들기를 반복했다. 그렇게 자신의 미각에 의지해 이스트 도넛 반죽을 완성했다.

처음에는 손맛을 살리고 싶어 손반죽을 고집했다. 그러나 테스트 기간에 제조에 속도가 붙지 않자 믹싱과 1차 발효에는 대형 제빵기를 사용하기로 했다. 프랑스빵용 준강력분을 메인으로 개발한 레시피는 반죽 시간이 긴 제빵기를 사용하자 탄력이 너무 강해졌다. 그래서 볼륨이 잘 살아나는 강력분에 박력분을 혼합했다. 반죽의 상태는 나쁘지 않았지만 맛이 조금 아쉬웠기에 통밀가루도 섞었다. 강력분 2에 박력분과 통밀을 각각 1씩. 이 황금비율을 찾기 위해 수많은 배합을 연구했다.

설탕은 다네가시마산 비정제 설탕과 오키나와산 흑설탕 2가지를 혼합하고 소금은 감칠맛이 뛰어난 겔랑드 소금을 사용한다. 심플하고 직선적인 맛을 내기 위해 달걀은 처음부터 사용하지 않기로 결심했다. 반죽에 두부를 넣으면 잘 뭉치지 않고, 유우를 넣으면 무겁고 단단한 반죽이 되었다. 고민 끝에 두유를 넣어봤더니 가볍지도 무겁지도 않은 찰진 식감의 촉촉한 반죽이 만들어졌다.

발효는 발효기가 아닌 물을 끓인 냄비 위에서 한다. 발효의 진행 상태를 보고 물을 다시 끓이거나 반죽을 넣은 반죽함을 냄비 위에서 내리는 등 세심하게 상태를 확인하며 조절한다. 온도와 시간을 일률적으로 관리하는 것이 아니라 살아 있는 효모의 활동에 맞추어 그때그때 알맞게 조정해 준다.

경험과 배움을 쌓아도 넘을 수 없었던 완성도 높은 레시피

개업 후 유미 씨는 경험을 더 쌓아야겠다는 판단을 했고, 영업을 병행하면서 3년간 베이커리에서 일을 배웠다. 그곳에서 얻은 지식과 경험을 바탕으로 작업 효율과 레시피를 업그레이드하려 했으나 몇 번을 시도해도 감이 오지 않았다. 몸으로 부딪쳐가며 스스로 개발한 배합과 제법의 완성도는 생각보다 훨씬 높고 유일무이했다. 요즘 유미 씨는 기존 레시피의 반죽과 전혀 다른 식감이 보드라운 이스트 도넛 반죽 개발에 열중하고 있다. 10년 만에 새로운 도전을 오직 하나뿐인 자식의 미각과 감각으로 개척해 나갈 예정이다.

HUGSY DOUGHNUT의

플레인 도넛

DAY1

믹싱·1차 발효
제빵기(빵 반죽 코스)/
운전 시작 5분 후 버터 투입/
반죽 완성 온도 25℃

분할·둥글리기
60g·원형

벤치 타임
실온(21℃)·15분

성형
지름 8cm 링 모양

2차 발효
반죽 보관함에 넣고 뚜껑 닫기→
끓인 물이 담긴 냄비 위에 올리기
/반죽 온도 27℃

건조
반죽 보관함의 뚜껑을 열고→
실온·3~5분

튀기기
카놀라유(170℃) 1분 30초→
위아래를 뒤집어 1분 30초

INGREDIENTS (약 24개분)

A
- 강력분('이구르' 닛픈) … 400g
- 박력분('슈퍼바이올렛' 닛신제분) … 200g
- 통밀가루('그레이엄브레드플라워' 닛신제분) … 200g
- 다네가시마산 비정제 설탕 … 40g
- 흑설탕 … 40g
- 소금(겔랑드 소금) … 8g

인스턴트 드라이이스트(사프·골드) … 4g
두유(무조정두유·상온) … 250g
정수물(23℃) … 250g
버터 … 90g
튀김유(카놀라유) … 적당량

DAY 1 믹싱·1차 발효

재료 **A**는 전날 미리 계량해서 위생 비닐에 밀봉해 둔다.

제빵기 반죽통에 **A**를 넣고 두유와 정수물을 넣는다. 인스턴트 드라이이스트는 전용 투입구에 넣는다(자동 투입 기능이 있는 제빵기 사용).

반죽통을 제빵기에 넣고 빵 반죽 코스를 선택해 시작 버튼을 누른다.

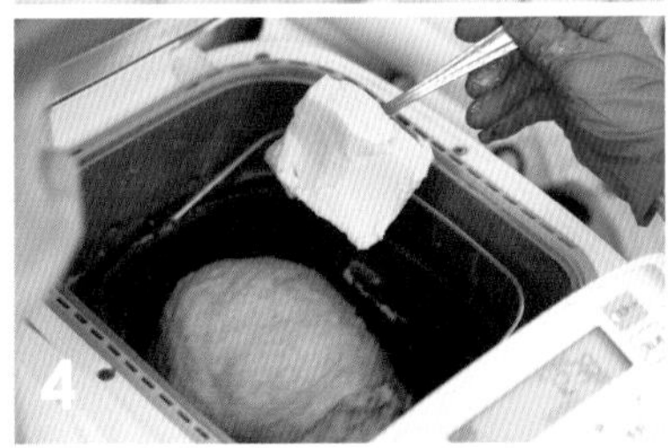

시작하고 5분이 지나면 뚜껑을 열고 반죽 상태를 확인한다. 반죽이 한 덩어리가 되면 버터를 넣는다.

반죽을 시작하고 1시간이 지나면 1차 발효를 끝낸 반죽이 된다. 이때 온도는 25℃다.

분할·둥글리기

반죽을 제빵기에서 꺼내 작업대에 올린다.

약 60g씩 분할한다.

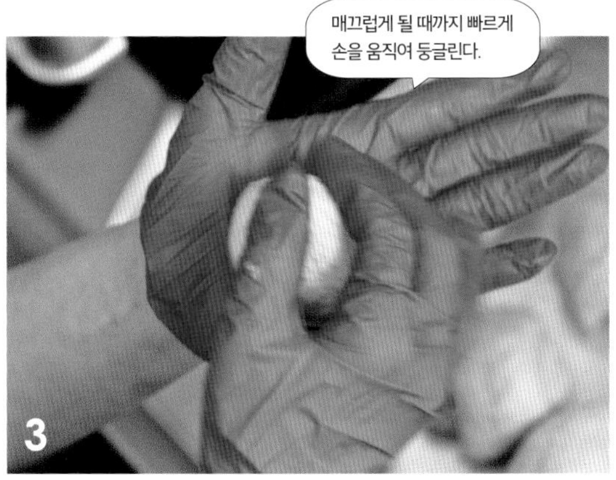

분할한 반죽을 손바닥에 올리고 다른 손으로 빙글빙글 원을 그리듯이 굴려 둥글리기를 한다.

벤치 타임

알루미늄 반죽 보관함에 베이킹 시트를 깔고 둥글리기한 반죽을 나란히 넣는다. 뚜껑을 덮어 실온(21℃)에서 15분간 벤치 타임을 갖는다.

벤치 타임이 끝나면 약간 몽실하게 부풀어 오른다.

성형

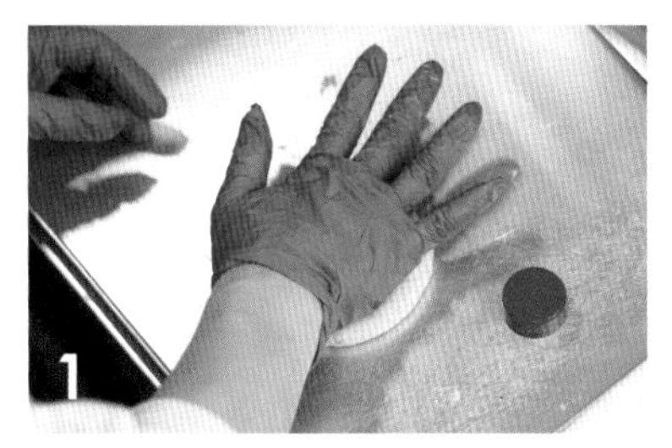

반죽을 작업대에 올리고, 지름 8cm 크기가 되도록 손바닥으로 누른다.

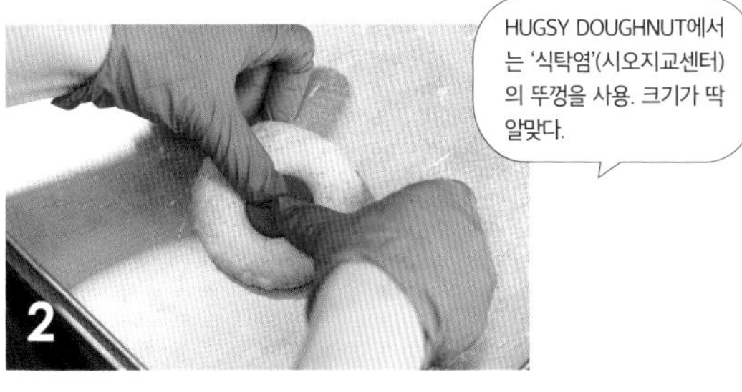

지름 3cm의 원형 커터로 가운데 구멍을 뚫는다.

2차 발효 · 건조

사진은 촬영을 위해 뚜껑을 연 상태. 물이 끓으면 일단 불을 끈다.

알루미늄 반죽 보관함에 그물망을 깔고 성형한 반죽을 가지런히 올린다. 보관함을 겹쳐 올리고 뚜껑을 덮는다. 끓인 물이 담긴 큰 냄비 위에 올리고 30분 정도 발효시킨다.

발효가 너무 진행되었다면 반죽함을 어긋나게 겹쳐 올려 온도를 내리거나 냄비 위에서 내려 선반에 올려둔다. 반대로 발효가 느리면 불을 켜서 물을 끓인다.

중간중간 반죽 상태를 확인하고 온도를 조절한다.

반죽이 한 사이즈 크게 부풀어 오르면 발효가 끝난 것이다. 이때 반죽 온도는 27℃다. 보관함의 뚜껑을 열고 선반에 올려 표면의 물기가 사라질 때까지 3~5분 정도 건조한다.

튀기기

튀김기(카놀라유 · 170℃)에 반죽을 넣고 1분 30초 튀긴 다음 긴 젓가락으로 위아래를 뒤집는다.

반대쪽도 1분 30초간 튀긴다. 식힘망에 올려 기름기를 빼고 실온에서 식힌다.

HUGSY DOUGHNUT

Dragon

TOKYO
SEISEKI-SAKURAGAOKA

말차 쇼트 브레드와 초콜릿 아이싱으로 드래곤을 표현했답니다. 한 번 보면 잊을 수 없는 귀엽고 유머러스한 디자인이지요. 개점 당시부터 사랑받아 온 시그니처 메뉴 중 하나입니다. 아낌없이 넣은 말차의 쌉싸름한 풍미와 반죽의 보동보동한 식감이 잘 어울린답니다.

HUGSY DOUGHNUT의

드래곤

INGREDIENTS

말차 쇼트 브레드(50~55개분)

A

- 버터 … 180g
- 슈거파우더 … 125g
- 말차파우더(제과용) … 15g
- 소금(겔랑드 소금) … 2g

우유 … 45g

박력분('슈퍼바이올렛' 닛신제분) … 450g

말차 아이싱(12개분)

화이트초콜릿 … 125g

말차파우더(제과용) … 5g

마무리

플레인 도넛(p.56~58)

피스타치오(통째)* … 도넛 1개에 6~8개

* 말차 쇼트 브레드를 구울 때 같이 오븐팬에 올려 함께 굽는다(말차 쇼트 브레드 과정 **12**번 참조).

말차 쇼트 브레드

스탠드믹서에 비터를 끼우고 믹싱볼에 재료 **A**를 넣어 저속으로 섞는다.

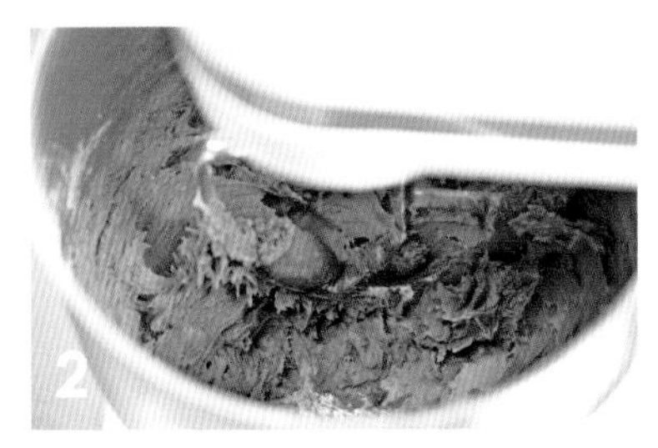

슈거파우더가 반죽에 스며들면 중속에서 전체적으로 골고루 섞이도록 5~6분간 섞는다.

중속으로 돌리면서 우유를 조금씩 흘려 넣는다. 그대로 1분 더 섞는다.

반죽이 골고루 섞이면 잠시 믹서를 멈추고 고무주걱으로 볼 옆면에 붙은 반죽을 긁어내 섞는다.

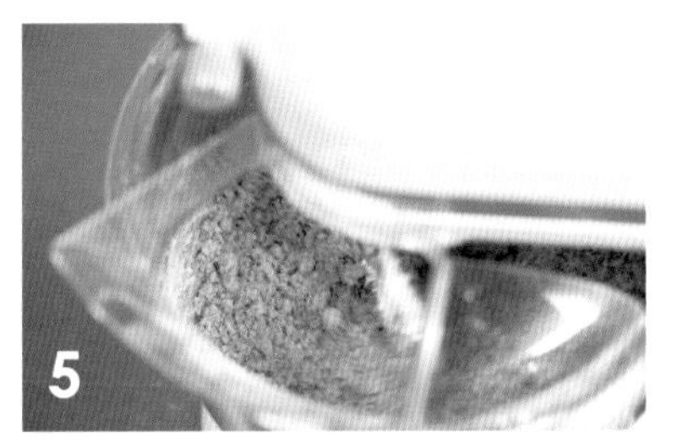

반죽이 한 덩어리가 되면 저속으로 박력분을 5~6회 나누어 넣어가며 섞는다.

가루 재료가 반죽에 스며들면 잠시 믹서를 멈추고 고무주걱으로 볼 옆면에 붙은 반죽을 긁어내 섞는다.

볼 옆면에 붙은 반죽이 저절로 떨어져 한 덩어리가 되면 완성이다.

작업대에 랩을 펼치고 그 위에 반죽을 꺼내 올린 다음 랩으로 감싼다. 손으로 대충 누르고 밀대로 1cm 두께의 정사각형 모양이 되도록 밀어 편다. 냉장고에서 30분 이상 둔다.

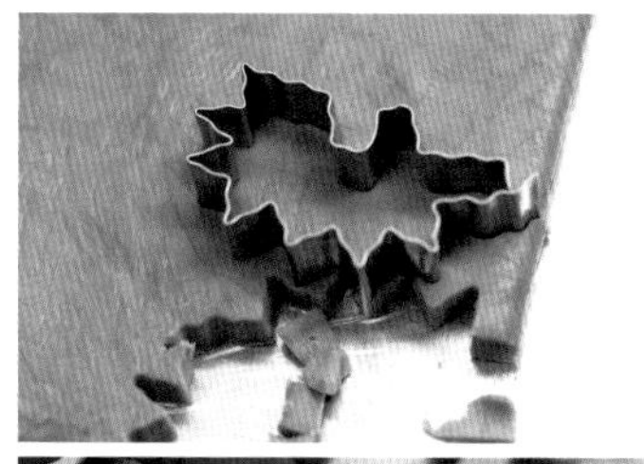

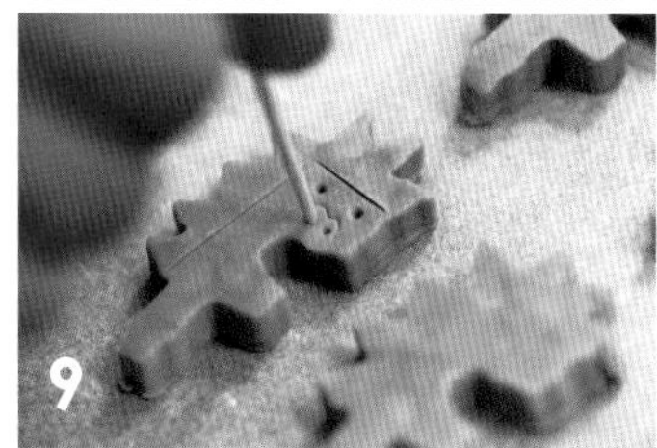

자체 제작한 드래곤 모양 커터로 반죽을 찍어내고 작은 칼로 얼굴 윤곽을, 작은 벚꽃 커터로 코의 테두리, 나무 꼬챙이로 눈과 코의 구멍을 새긴다.

찍어내고 남은 반죽은 작은 삼각형 모양으로 잘라 드래곤의 꼬리로 사용한다.

밀폐용기에 사이사이 랩을 깔면서 **9**와 **10**을 채워 넣는다. 냉동 보관한다.

오븐팬에 베이킹 시트를 깔고 드래곤 머리와 꼬리를 가지런히 올린다. 마무리에 사용할 피스타치오와 함께 160℃ 오븐에서 16분간 굽는다.

말차 아이싱

1 볼에 재료를 다 넣고 뜨거운 물에 올려 중탕한다. 초콜릿이 녹으면 거품기로 섞는다.

마무리

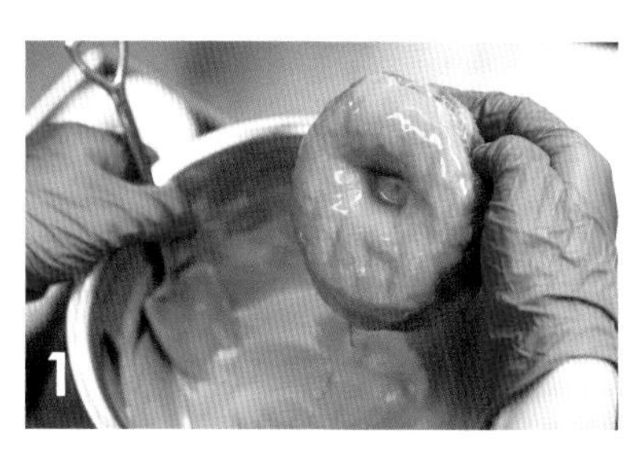

도넛을 잡고 말차 아이싱에 중간 부분까지 담갔다 뺀다. 식힘망 위에 올린다.

초콜릿이 굳기 전에 말차 쇼트 브레드(머리와 꼬리)를 도넛에 꽂는다.

피스타치오 3~4개는 통째로, 나머지 3~4개는 잘게 다져서 뿌린다.

POINT

왼쪽은 코의 테두리를 만드는 작은 벚꽃 커터. 오른쪽은 시판 커터를 펜치로 구부려 자체 제작한 드래곤 머리 커터. 도넛에 꽂는 부분은 잘 빠지지 않도록 뾰족하게 만들어 사용한다.

디즈니 영화 〈이상한 나라의 앨리스〉를 보고 하트의 여왕이라 이름 지었답니다. 붉은색과 갈색의 대비가 아름답고 화려하지요. 동결건조 딸기의 향과 산미, 밀크초콜릿의 달콤함, 초콜릿 크런치의 바삭함이 전부 조화롭게 어우러져 자꾸만 손이 가는 도넛이지요.

하트의 여왕

INGREDIENTS (1개분)

플레인 도넛(p.56~58) … 1개
밀크 커버춰초콜릿 … 적당량
딸기(동결건조) … 2개
초콜릿 크런치(시판용) … 적당량

1 딸기 1개는 얇게 4조각으로 썬다.

2 커버춰초콜릿은 중탕으로 녹인다.

3 도넛을 잡고 **2**에 중간 부분까지 담갔다 뺀 다음 식힘망에 올린다.

4 가운데에 썰지 않은 통 딸기를 올리고 주변에 얇게 썬 딸기를 올려 장식한다. 초콜릿 크런치를 골고루 뿌린다.

지금은 사라진 뉴욕의 도넛 가게 'The Doughnut Project'에서 먹었던 메뉴 중 깜짝 놀랄 만큼 맛있었던 도넛을 떠올리며 만들었습니다. 베이컨의 가장자리는 바삭, 안은 촉촉하게 굽고 아이싱은 메이플 시럽의 풍미를 최대한 끌어올렸지요. 단짠단짠 도넛의 매력에 빠지면 헤어 나올 수 없답니다.

메이플 베이컨

INGREDIENTS (1개분)

플레인 도넛(p.56~58) … 1개
베이컨 … 적당량
슈거파우더 … 적당량
메이플시럽 … 적당량

1 오븐팬에 베이킹 시트를 깔고 약 1cm 폭으로 썬 베이컨을 넓게 펼쳐 올려 180℃ 오븐에서 굽는다. 20분이 지나면 골고루 뒤집어 섞고 그 뒤로 10분에 한 번씩 섞어주며 30~50분간 굽는다. 가장 자리는 바삭바삭하고 안쪽은 촉촉한 상태가 좋다. 한 번에 만들기 알맞은 양은 500g 정도다. 너무 많이 구우면 고무처럼 질겨질 수 있으니 주의한다.

2 슈거파우더에 메이플시럽을 넣고 아이싱하기 적당한 농도가 되도록 섞는다.

3 **2**를 중탕으로 따뜻하게 데운다. 도넛을 잡고 **2**에 중간 부분까지 담갔다 뺀 다음 식힘망에 올린다.

4 아이싱이 굳기 전에 **1**을 빈 곳 없이 골고루 뿌린다.

HUGSY DOUGHNUT

Rochet Banana

TOKYO
SEISEKI-SAKURAGAOKA

슈거 아이싱을 뿌린 인기 넘버원 도넛 '하구지 도넛' 위에 표면을 캐러멜리제한 바나나 반 개를 그대로 올린 매장 한정 메뉴입니다. 은은한 시나몬 향과 바나나의 진득한 달콤함이 조화롭지요. 보드랍고 폭신한 도넛이 얇게 바스러지는 캐러멜의 풍미를 포근하게 감싸안아 준답니다. 입 안 가득 행복이 퍼지는 맛입니다.

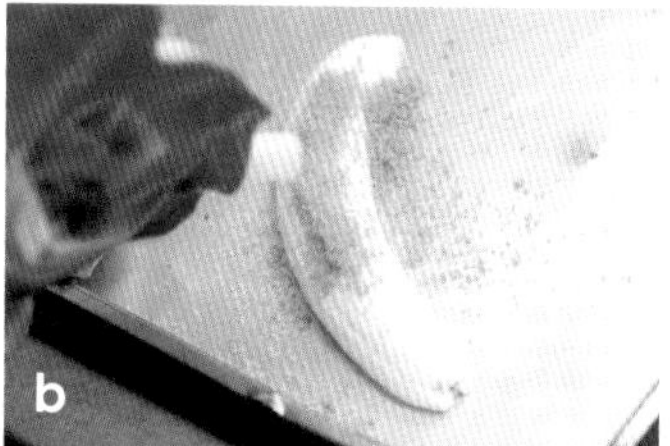

로켓 바나나

INGREDIENTS (1개분)

하구지 도넛
플레인 도넛(p.56~58) … 1개
슈거파우더 … 적당량
우유 … 적당량

마무리
바나나 … 1/2개
비정제 황설탕 … 적당량
시나몬슈거 … 적당량

하구지 도넛

1 슈거파우더에 우유를 넣고 아이싱하기 적당한 농도가 되도록 섞는다.

2 1을 중탕으로 따뜻하게 데운다. 도넛을 잡고 1에 중간 부분까지 담갔다 뺀 다음 식힘망에 올려 굳힌다.

마무리

1 바나나를 길게 2등분하고(a), 껍질을 벗겨 트레이에 올린다. 황설탕을 양쪽 면에 골고루 묻힌다(b, c).

2 바깥 면을 토치로 그을려(d), 노릇노릇 달콤한 향이 나도록 캐러멜리제한다. 바나나를 뒤집고 안쪽도 같은 방법으로 그을린다(e). 캐러멜리제가 된 황설탕이 벗겨지지 않도록 칼로 바나나를 조심스럽게 들어(f), 하구지 도넛 위에 올린다. 시나몬슈거를 뿌린다(g).

HUGSY DOUGHNUT 창업 일지

콘셉트는 '놀러 오세요'
오솔길 끝에 숨어 있는 비밀기지

도쿄 교외의 베드타운, 세이세키사쿠라가오카의 주택가에 비밀스러운 도넛 가게가 있다. 2014년 9월 개점과 동시에 이 도넛 가게는 온라인상에서 화제가 되었다. 위치는 역에서 도보로 8분 거리. 골목 끝에 위치한 주택에서 주말에만 영업하고, 겨우겨우 찾아가도 동나기 일쑤다. 좀처럼 먹기 힘든 도넛이라는 이야기가 퍼지면서 운 좋게 유명세를 얻었다며 주인인 마츠카와 히로노리 씨와 유미 씨는 웃음 띤 얼굴로 말한다.

대학에서 영양학을 공부한 두 사람이 창업을 결심한 시기는 개업 8개월 전이다. 사람과 사람을 잇는 우리다운 즐거운 장소. 어떤 가게를 차려야 그런 장소가 될 수 있을까 고민을 거듭하던 어느 날, 문득 펼쳐본 잡지에 실린 미국의 도넛 가게가 두 사람의 마음을 사로잡았다. '놀자'를 테마로 한 도넛 가게, 콘셉트는 바로 정해졌다. 일러스트레이터이기도 한 히로노리 씨가 디자인을 구상하고, 요리와 제과가 특기인 유미 씨가 구체화했다. 오픈 초기부터 인기였던 공룡 모양의 '드래곤'(p.59)과 바나나를 통째로 올린 매장 한정 메뉴 '로켓 바나나'(p.64) 등 동심을 저격하는 제품들이 그렇게 탄생했다.

매장은 주방 설비가 남아 있고 요식업이 가능한 오래된 주택을 중심으로 찾았다. 지금의 자리를 처음 봤을 때 가게가 있을 만한 장소가 아니지만 그것 또한 재미있겠다고 생각했다. 처음 몇 년 동안 두 사람 모두 평일은 음식점에서 일하면서 주말에만 영업했다. 초창기에는 하루에 만족스러운 도넛을 20~30개 만드는 것도 힘에 부쳤지만, 10년이 지난 지금은 이벤트 기간에 1000개를 만들 정도로 성장했다. 이스트 도넛은 40종, 올드패션은 5종의 라인업을 갖추고 있으며, 매일 이 중에서 12가지를 선별해 판매한다. 영업은 오전 5시부터 3시까지, 판매량을 보면서 20회 정도 반죽하고 튀기기를 반복한다. 가족도 4명으로 늘었다. 하나하나 손수 만든 공간은 지금도 미소와 웃음소리로 가득 차 시끌벅적하다.

SHOP INFORMATION

도쿄도 다마시 세키도 2-18-7
tel. 090-6164-1916
11:00~18:00
월~목요일 정기 휴일·비정기적 휴무
instagram@hugsydoughnut
hugsycafe.com

오너 마츠카와 히로노리 / 마츠카와 유미

히로노리: 1988년 히로시마현에서 태어나 요코하마에서 자랐다. 도쿄농업대학 영양과학과 졸업 후 음식점 등 다양한 직업을 거쳐 25세에 부인과 창업했다. 유미: 1988년 도쿄도 출생. 관동학원대학 인간환경학부 건강영양학과 졸업 후, 카페와 햄버거 가게 등에서 주방과 홀을 담당했다. 접객, 홈페이지와 SNS 관리, 이벤트 기획 등은 히로노리 씨가 제조는 유미 씨가 담당한다.

아늑하고 편안한 공간

가까운 역에서부터 걸어서 약 10분, 골목 초입에서는 가게가 보이지 않을 정도로 안쪽에 자리하고 있다. 좁은 길 끝에 세워둔 간판이 매장의 표시. 신발을 벗고 낡은 주택을 개조한 매장으로 들어가면 테이블 석, 좌식 테이블, 소파, 소반 등 다양한 스타일의 자리가 마련되어 있다. 느긋하게 쉴 수 있는 마음 편한 공간이라 아이와 함께 온 손님도 많다. 책장에는 여행과 음식을 좋아하는 두 사람의 애장서가 빼곡히 들어차 있다.

디자인과 네이밍에 동심을 가득 담다

'드래곤'(위 왼쪽 사진·p.59)은 자체 제작한 커터(위 오른쪽 사진)로 만든 쇼트 브레드를 도넛에 꽂아 장식한다. 같은 시리즈로 오리, 티라노사우루스, 트리케라톱스 등이 있다. 고릴라를 표현한 레몬 맛의 올드패션 '고릴라'(왼쪽 사진 오른쪽 아래)와 '하트의 여왕'(왼쪽 사진 오른쪽 위·p.62)처럼 이름이 인상적인 도넛도 많다.

언제나 자유롭게 도넛과 '놀자'

가게에서는 자체 제작한 도넛 책과 텍스타일 디자이너가 도넛을 모티브로 만든 패브릭 가방과 앞치마, 가죽공예 작가와 협업한 브로치를 판매한다. 인기 제품인 '드래곤'을 본 따 만든 피규어 등 오리지널 상품도 전시, 판매하고 있다. 또 '사토텐푸라'라는 유튜브 채널을 통해 직접 만든 도넛 애니메이션을 공개했다. 도넛으로 '놀자'라는 꿈을 다양한 형태로 실현해 가는 중이다.

취재 당일 라인업(총 13종)

이스트 도넛 11종
- 하트의 여왕 330엔
- 사쿠라 260엔
- 코코아 쿠키 250엔
- 오렌지 220엔
- 하구지 도넛 190엔
- 메이플 베이컨 280엔
- 오렌지 피스타치오 270엔
- 오렌지 코코넛 270엔
- 오렌지 쇼콜라 270엔
- 드래곤 350엔
- 로켓 바나나 300엔

케이크 도넛 2종
- 홍차 패션 330엔
- 고릴라 290엔

슈퍼 스페셜 도넛의 반죽 만들기

Super Special Doughnut

DONUT SHOP

TOKYO
FUTAKO-SHINCHI

도넛을 사랑하는 셰프가 고안한
최고로 맛있는 베녜의 모든 것

맛있는 크림 파티시에를 한층 돋보이게 만드는 반죽

슈퍼 스페셜 도넛은 가네코와 쿠로사카, 두 명의 파티시에가 몸담고 있는 디저트 전문점 'Chercheuses'의 동생 격으로, '파티시에만이 만들 수 있는 가장 맛있는 도넛'을 목표로 탄생했다. 우선 프랑스 튀김과자인 베녜를 모티브로 도넛을 만들기로 했다. 그리고 가장 맛있다고 자부하는 재료와 제법으로 만든 크림 파티시에를 도넛 안에 채웠다. 가게의 자랑인 크림 파티시에는 재료 본연의 맛이 결과물에 그대로 드러나기 때문에 최고급 달걀인 '나스노교란'과 홋카이도산 버터, 맛이 진한 우유같이 엄선된 재료만을 사용한다. 또한 전분은 넣지 않고 박력분만으로 푸딩 같은 질감의 크림을 만든다. 이처럼 존재감 강한 크림 파티시에의 감칠맛을 살릴 수 있는 반죽 만들기를 최우선 과제로 삼았다.

쌀가루에도 타피오카 전분에도 없는 밀가루 특유의 쫄깃함

반죽에서 가장 중점을 둔 부분은 찰지고 촉촉한 식감. 크림 파티시에에 걸맞은 질감을 내기 위해 밀가루의 90%는 강력분을 사용하고 믹싱 시간을 길게 잡아 글루텐 고유의 쫄깃쫄깃함을 끌어냈다. 처음에는 일본산 강력분을 사용했지만 더 찰진 식감을 내기 위해 보수성이 높은 '파노베이션'(닛픈)으로 바꾸고 가수율도 30% 정도 높였다.

단맛은 꿀로만 냈는데 설탕보다 수분 보유율이 높아 식감이 더욱 촉촉해지고 독특한 풍미도 가미된다. 달걀은 넣지 않았다. 크림 파티시에에 사용된 최고급 달걀의 풍미를 제대로 살리기 위해서는 반죽에 달걀을 배합하지 않아야 균형이 맞는다고 생각했기 때문이다. 유지는 프랑스산 발효버터를 사용한다. 일본산 버터나 발효버터로도 테스트해 봤지만 프랑스산 발효버터를 넣은 반죽이 압도적으로 맛있었다. 가네코 씨는 일본산 버터의 밀키한 풍미와 부드러운 맛도 나쁘지 않았지만 크림의 맛과 밸런스를 잡으려면 미네랄이 느껴지는 농후한 맛의 프랑스산 버터가 가장 알맞았다고 말했다.

튀김유는 카놀라유를 사용한다. 친근하면서도 특유의 감칠맛이 살아 있어 튀겼을 때 가장 맛있었다. 처음 튀긴 면을 마지막에 한 번 더 튀기면 식어도 오그라들지 않고 몽실몽실 동그란 모양을 유지할 수 있다.

슈퍼 스페셜 도넛의

베녜

DAY1

믹싱
키친에이드(후크) 저속 약 1분→
중속 약 5분→버터 투입→
중속 3~4분→고속 약 5분

1차 발효
30℃·1시간

분할·둥글리기
45g·원형

벤치 타임
실온(21℃)·10분

성형
1.5cm 두께의 동그란 모양

2차 발효
30℃·40분

튀기기
카놀라유(170℃)
2분→위아래를 뒤집어 2분→
위아래를 뒤집어 10초

식히기
실온(21℃)·약 20분

마무리
그래뉴당 묻히기

INGREDIENTS (약 22개분)

강력분('파노베이션' 닛픈) … 450g/90%
박력분('돌체' 에베츠제분) … 50g/10%
소금(겔랑드 소금) … 8g/1.6%
세미 드라이이스트(사프·골드) … 5g/1%
꿀 … 80g/16%
물 … 260g/52%
우유 … 120g/24%
프랑스산 발효버터(이즈니) … 60g/12%
튀김유(카놀라유) … 적당량
그래뉴당 … 적당량

DAY 1 믹싱

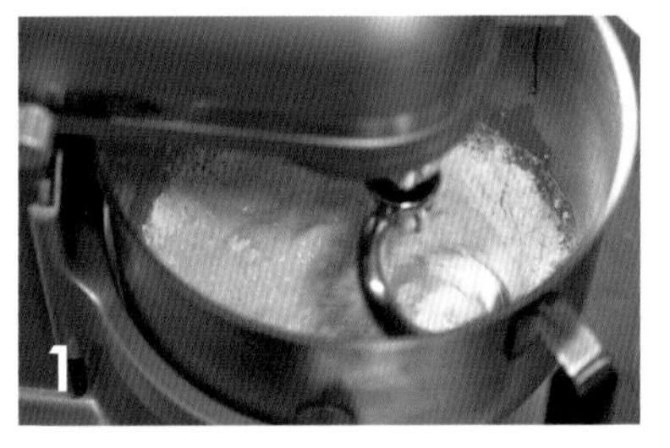

스탠드믹서의 믹싱볼에 강력분부터 우유까지의 재료를 넣는다. 반죽용 후크를 끼우고 저속으로 1분 정도 섞는다. 가루가 반죽에 스며들면 중속으로 바꾼다.

레시피의 분량은 소량이라 덩어리지기 쉬우므로 중간에 믹싱볼을 꺼내 손으로 후크를 잡고 바닥면 쪽의 반죽을 긁어 잘 섞어준다.

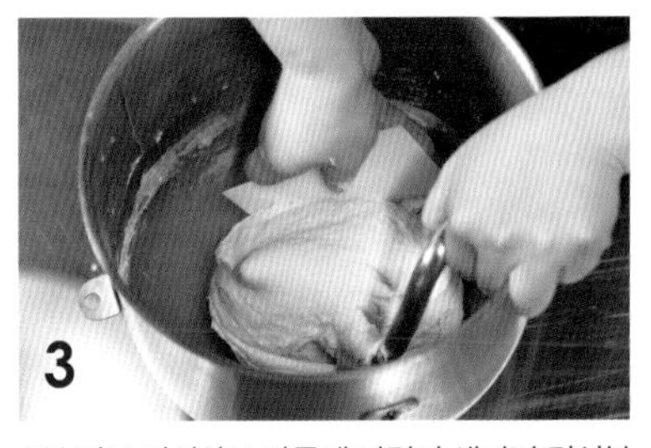

5분 정도 믹싱하고 반죽에 탄력이 생기면 믹싱볼을 꺼낸다. 스크래퍼로 밑면을 뒤집어 섞어가며 덜 섞인 부분이 없는지 확인한다. 섞이지 않은 부분이 있다면 조금 더 믹싱해 골고루 섞는다.

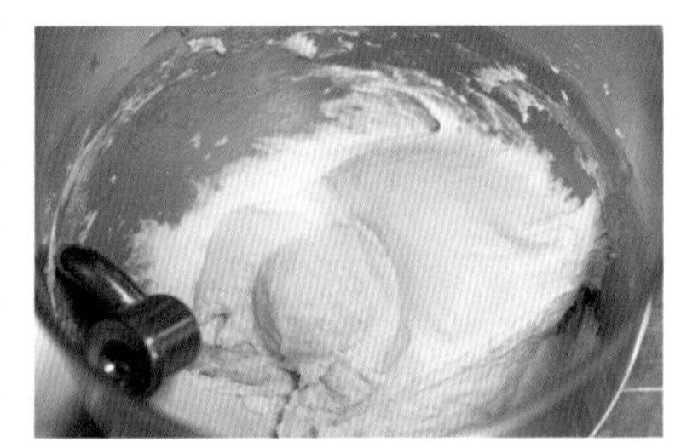

사진처럼 한 덩어리가 되고 반죽이 잘 늘어나면 버터를 넣는다.

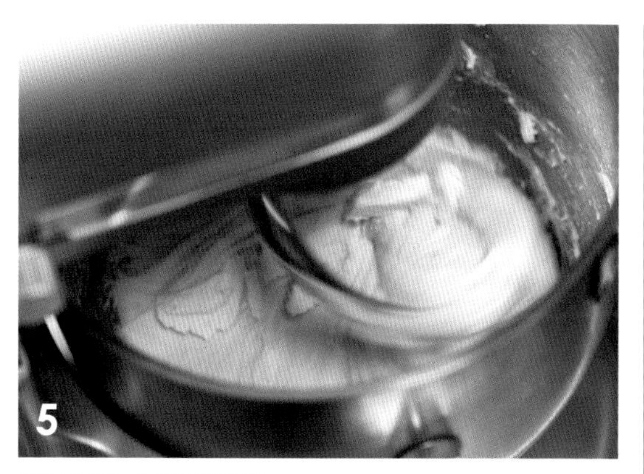

중속으로 3~4분간 믹싱한다.

중간에 믹싱볼을 꺼낸다. 스크래퍼로 반죽을 뒤집어 들어보고 버터 덩어리가 남아 있다면 으깬다.

버터가 완전히 섞이면 고속으로 5분 더 믹싱한다.

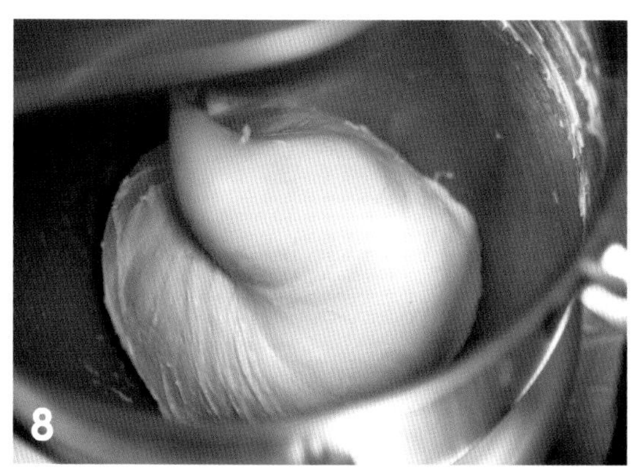

완성은 반죽의 상태를 보고 판단한다. 사진처럼 광택이 돌고 매끄러운 상태가 되면 믹싱볼을 꺼낸다.

1차 발효

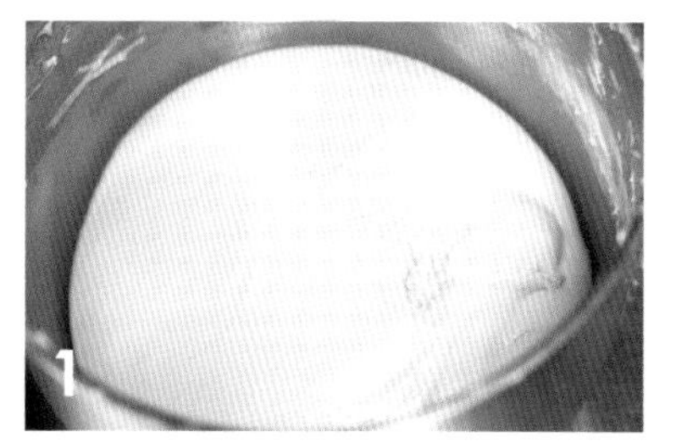

랩을 씌우고 30℃ 발효기에서 1시간 동안 발효시킨다. 사진은 발효 후.

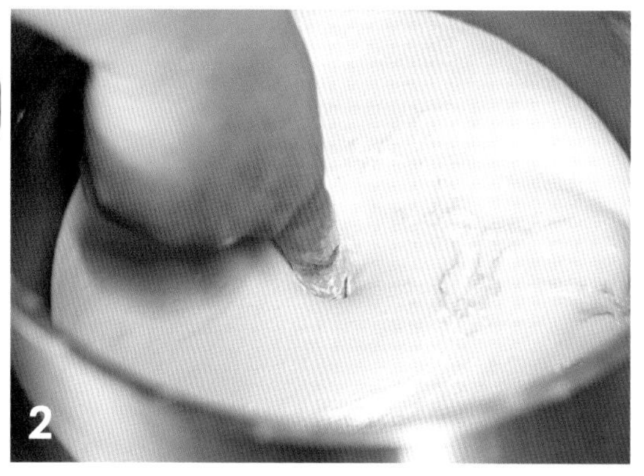

손가락으로 찔러 누른 자국이 서서히 사라지면 발효가 끝난 것이다.

분할

반죽을 작업대에 올리고 45g씩 분할한다.

덧가루를 뿌리고 양손으로 반죽을 감싸 잡아 동시에 둥글리기를 한다. 커다란 원을 그리듯이 손을 빠르게 20~30회 움직여 표면이 매끄럽고 팽팽한 상태가 되도록 한다.

손바닥 위에 반죽을 올리고 다른 손으로 조금 더 둥글리기 한 뒤, 밑면이 매끄럽지 않다면 손가락으로 이음매를 꼬집어 붙인다.

종이 유산지를 깐 오븐팬에 간격을 두고 가지런히 올린다. 실온(21℃)에서 10분간 벤치 타임을 갖는다. 위 사진이 벤치 타임 전, 아래 사진이 벤치 타임 후.

성형

원통 모양의 가루통으로 덧가루를 뿌리고, 1.5cm 두께로 동글납작한 모양이 되도록 반죽에 대고 누른다.

2차 발효

30℃의 발효기에 넣고 40분간 발효시킨다.

발효 후. 동그랗게 부풀어 올라 한 사이즈 커진다.

튀기기

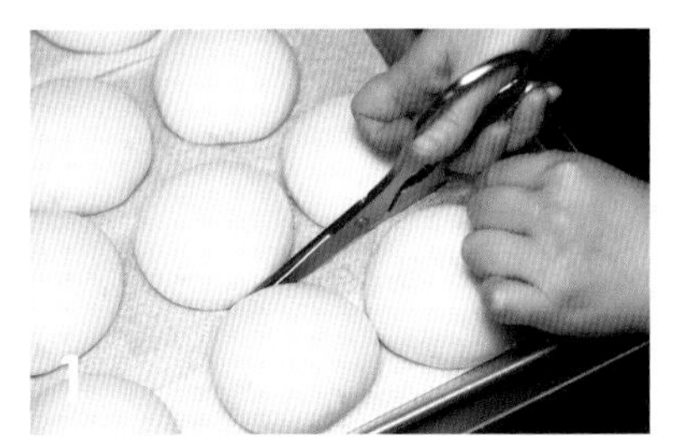

반죽을 올린 종이 유산지를 사진처럼 2개씩 묶어 약간 크게 자른다.

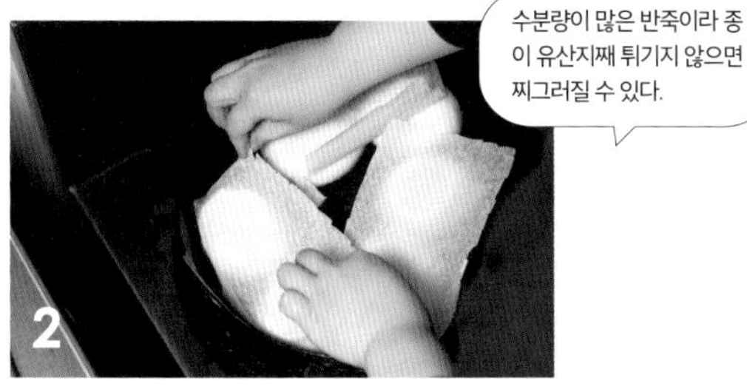

튀김기에서 카놀라유를 170℃까지 가열한 뒤 **1**을 종이 유산지째 넣는다.

종이 유산지가 분리되면 집게로 유산지를 꺼낸다.

양쪽 면을 2분씩 튀기고 처음 튀겼던 면으로 돌려 10초 더 튀긴다.

식힘망에 올려 기름기를 뺀다.

기름기가 빠지면 트레이에 식힘망을 깔고 도넛을 줄지어 세운 뒤 실온(21℃)에서 20분간 식힌다.

그래뉴당이 담긴 볼에 약간 온기가 남아 있는 상태의 도넛을 넣는다. 볼을 흔들어 도넛에 그래뉴당을 묻힌다.

트레이에 식힘망을 깔고 도넛을 줄지어 세운 상태로 보관한다.

Super Special Doughnut

Vanille

TOKYO
FUTAKO-SHINCHI

최상급 달걀로 만든 크림 파티시에에 바닐라와 그랑 마니에르의 풍미를 더하고, 쫀득한 식감의 도넛과 잘 어우러지도록 묵직한 질감으로 만들었습니다. 크림의 깊은 맛을 온전히 즐길 수 있는 No.1 인기 상품이랍니다.

바닐라

INGREDIENTS (약 13개분)

베녜(p.70~73) … 약 13개

크림 파티시에(미리 만들어 두는 양)

- 우유 … 500g
- 달걀노른자(나스노교란·M사이즈) … 5개분
- 그래뉴당 … 100g
- 박력분('돌체' 에베츠제분) … 50g
- 버터(홋카이도산) … 100g

바닐라 파티시에

- 크림 파티시에(미리 만들어 둔 것) … 400g
- 바닐라 페이스트(미코야코쇼) … 4g
- 그랑 마니에르 … 8g

크림 파티시에

냄비에 우유를 넣고 중간중간 저어가며 끓기 직전까지 가열한다.

우유를 데우는 동안 볼에 달걀노른자와 그래뉴당을 넣고 거품기로 섞는다.

설탕이 녹고 약간 아이보리색이 되면 박력분을 넣고 재빠르게 섞는다. 가루가 골고루 스며들어 보이지 않게 될 때까지 저어준다.

1의 냄비 가운데 작은 기포가 올라오기 시작하면 불을 끈다.

3의 볼에 우유를 한 번에 다 넣고 골고루 섞는다.

5를 체에 거른다. 이때 크림의 질감은 약간 걸쭉하다.

다시 냄비에 옮겨 담고 강불로 가열한다. 냄비를 양옆으로 번갈아 돌려가며 고무주걱으로 빠르게 뒤집으며 저어준다.

냄비 속 크림이 묵직해지면서 큼직하게 몇 번 끓어오른다. 그 후 끈기가 사라지면서 질감이 부드러워지면 약불로 줄이고 1분 더 골고루 저어가며 가열한다.

냄비를 불에서 내리고 버터를 넣은 다음 빠르게 저어가며 녹인다.

볼에 담고 랩을 밀착해 씌운다. 얼음물에 담가 급랭한다.

바닐라 파티시에

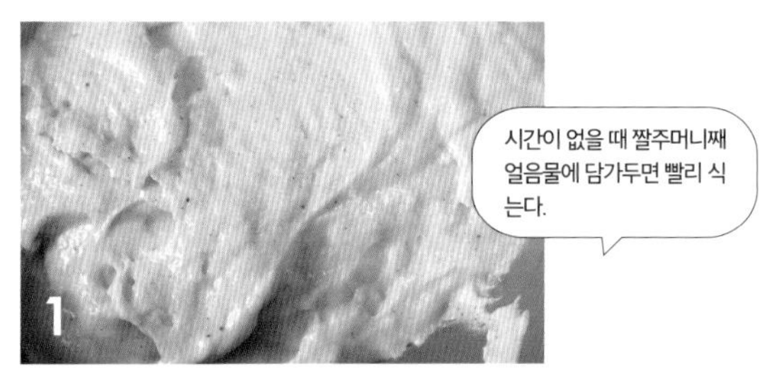

크림 파티시에에 바닐라 페이스트와 그랑 마니에르를 넣고 고무주걱으로 골고루 뒤집어 섞는다. 짤주머니에 담고 냉장고에 차갑게 보관한다.

마무리

얇은 원형깍지로 베녜에 구멍을 낸다.

짤주머니의 앞을 가위로 자르고 베녜의 구멍에 찔러 넣은 다음 바닐라 파티시에를 1개에 30g씩 짠다.

초콜릿

INGREDIENTS (1개분)

베녜(p.70~73) … 1개

가나슈

밀크 커버춰초콜릿('823' 칼리바우트) … 적당량

생크림(유지방분 35%) … 밀크 커버춰초콜릿의 1/2분량

1 볼에 커버춰초콜릿을 넣고 끓기 직전까지 데운 생크림을 넣는다. 거품기로 완전히 유화되도록 골고루 섞어가며 녹인다. 짤주머니(깍지를 넣지 않은)에 채우고 식힌다(**a**).

2 얇은 원형깍지로 베녜에 구멍을 낸다. **1**의 짤주머니 앞을 자르고 구멍에 찔러 넣어 30g씩 짠다(**b**).

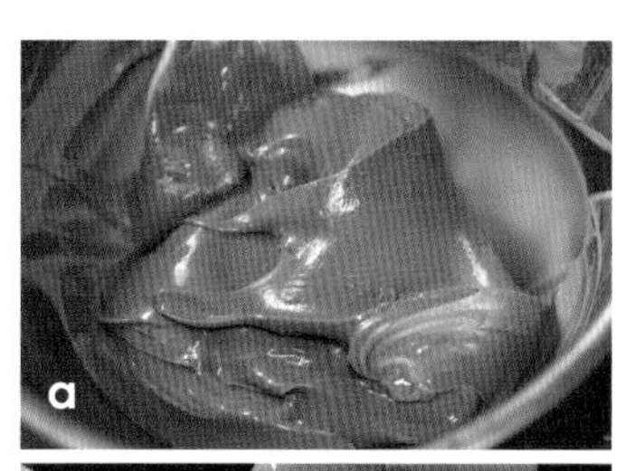
a

b

Super Special Doughnut

Framboise Pistache

TOKYO
FUTAKO-SHINCHI

피스타치오 페이스트를 섞은 크림 파티시에를 베녜에 채우고 라즈베리 콩피튀르를 더한 일품입니다. 달콤쌉싸름한 피스타치오의 고소함과 라즈베리의 선명한 산미가 대비되며 복합적인 맛과 향을 자아낸답니다.

프랑부아즈 피스타치오

INGREDIENTS

베녜(p.70~73) … 적당량

피스타치오 크림(약 17개분)

크림 파티시에(p.75~76) … 400g

피스타치오 페이스트(아그리몬타나)* … 40g

라즈베리 콩피튀르(미리 만들어 두는 양)

라즈베리(냉동) … 350g

그래뉴당 … 175g

펙틴 … 5g

* 무가당. 피스타치오만을 페이스트로 만든 제품. 이탈리아산.

피스타치오 크림

1 크림 파티시에에 피스타치오 페이스트를 넣고 고무주걱으로 으깨듯이 눌러가며 섞는다. 너무 많이 섞어 크림이 흐물거리지 않도록 주의한다. 짤주머니(깍지를 넣지 않은)에 채우고 차갑게 만들어 둔다.

⟶ 잘 섞인 상태는 사진 **a**와 같다. 피스타치오 페이스트가 군데군데 마블 무늬처럼 남아 있는 상태가 좋다. 시간이 없을 때는 짤주머니째 얼음물에 담가 빠르게 식힌다.

라즈베리 콩피튀르

1 레시피의 그래뉴당에서 25g을 덜어내 펙틴과 섞어둔다. 나머지 그래뉴당과 라즈베리를 냄비에 넣는다(**b**).

2 **1**의 냄비를 중불에 올리고 고무주걱으로 가볍게 으깨면서 끓인다. 라즈베리와 그래뉴당이 모두 녹으면 강불로 바꾸고 계속 으깨듯이 저어가며 보글보글 끓인다(**c**).

3 전체적으로 다 으깨지면 그래뉴당과 섞어준 펙틴을 넣고 계속 저어가며 졸인다.

⟶ 도넛에 채우려면 약간 단단한 상태가 좋기 때문에 펙틴을 넣어 농도를 조절한다.

4 5~10분 정도 더 끓인다. 살짝 떠서 떨어트렸을 때 퍼지지 않고 사진 **d**처럼 동그란 모양을 유지하면 완성이다(**e**).

5 볼에 옮겨 담고 표면에 랩을 밀착해 씌운다(**f**). 실온에 두고 식힌다.

마무리

1 얇은 원형깍지로 베녜에 구멍을 낸다. 피스타치오 크림을 채운 짤주머니 앞을 자르고 구멍에 찔러 넣어 25g씩 짠다.

2 라즈베리 콩피튀르를 짤주머니에 넣고 앞을 자른다. **1**의 피스타치오 크림 안으로 찔러 넣고 5g씩 짠다(**g**).

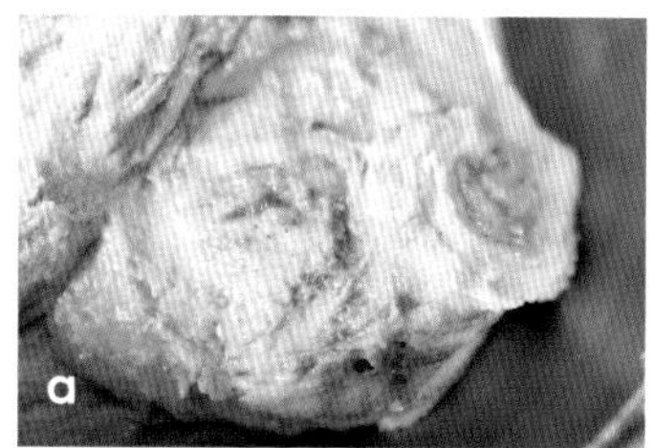
a

b

c

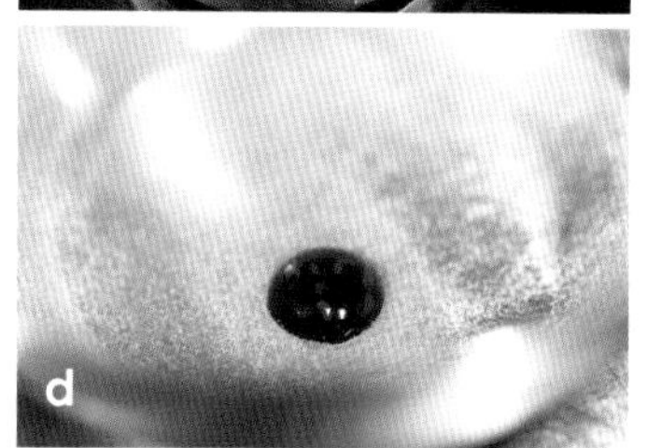
d

e

f

g

Super Special Doughnut
Assiette Dessert de Beignet
TOKYO
FUTAKO-SHINCHI

커피 맛 크림 파티시에를 채운 베녜에 밤 크림을 곁들여 근사한 디저트 플레이트를 만들었습니다. 부드럽고 고소한 밤 크림이 쌉싸래한 커피의 풍미를 북돋아 주고 밀크 아이스크림의 달콤함이 어우러져 완벽한 하모니를 이루지요. 보늬밤조림과 사브레로 식감에 악센트를 더했답니다.

a

b

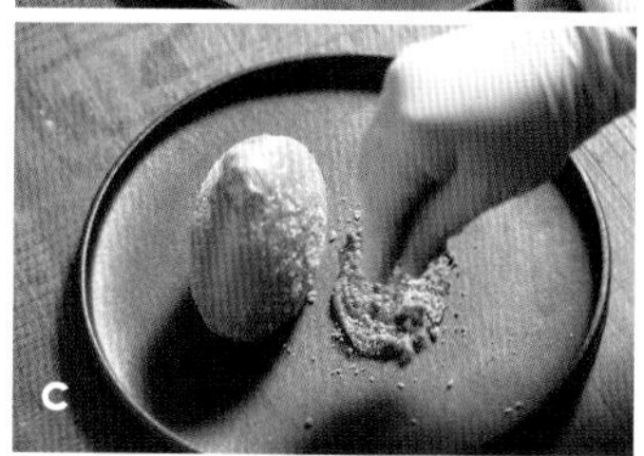
c

d

e

f

커피 베녜와 밤 디저트 플레이트

INGREDIENTS

커피 베녜(약 3인분)
- 베녜(p.70~73) … 3개
- 크림 파티시에(p.75~76) … 100g
- 커피 원두(간 것)*[1] … 3g

마무리(1인분)
- 꿀 … 적당량
- 헤이즐넛 페이스트 … 적당량
- 밤 페이스트(구마모토산) … 적당량
- 생크림(유지방분 35%) … 적당량
- 커피 디아망 사브레(기호에 맞추어) … 1/2개분
- 밀크 아이스크림(기호에 맞추어) … 65g
- 보늬밤조림(기호에 맞추어) … 1개
- 아몬드(얇게 썬 것)*[2] … 적당량

*[1] '로스트 디자인 커피'(도쿄·신유리가오카, 노보리토)에 주문한 오리지널 블렌드 사용. 버터와 잘 어울리는 중강배전 커피로 유지의 향을 끌어올리는 맛이다.
*[2] 180℃ 오븐에서 7~10분간 구운 것

커피 베녜

1 크림 파티시에에 커피 원두를 넣고 고무주걱으로 섞는다. 짤주머니(깍지를 넣지 않은)에 채우고 차갑게 만들어 둔다.

2 얇은 원형깍지로 베녜에 구멍을 낸다. **1**의 짤주머니 앞을 잘라 구멍에 찔러 넣고 30g씩 짠다.

마무리

1 볼에 동량의 꿀과 헤이즐넛 페이스트를 넣고 섞는다.

2 밤 페이스트와 생크림을 넣어 짜기 쉬운 농도가 되도록 조절한다. 몽블랑깍지를 끼운 짤주머니에 채우고 차갑게 만들어 둔다.

3 그릇 안쪽에 커피 베녜를 올린다(**a**). 베녜의 맞은편에 **1**을 10g 정도 바른다(**b**). 위에 커피 디아망 사브레를 잘게 부숴 올리고(**c**), 그 위에 밀크 아이스크림 한 스쿱을 놓는다(**d**).

4 **2**를 베녜와 아이스크림 위에 골고루 짠다(**e**). 보늬밤조림과 얇게 썬 아몬드를 올려 마무리한다.

Parfait au Beignet

TOKYO
FUTAKO-SHINCHI

피스타치오 페이스트를 넣은 크림 파티시에로 만든 베녜에 상큼하고 향기로운 생딸기와 딸기 소르베를 곁들여 파르페처럼 만들었습니다. 맛의 포인트가 되는 블루베리 콩피튀르도 살짝 숨겨 두었답니다. 딸기와 피스타치오의 절묘한 궁합을 마음껏 즐겨보세요.

피스타치오 베녜와 딸기 파르페

INGREDIENTS

피스타치오 베녜(1인분)
- 베녜(p.70~73) … 1개
- 피스타치오 크림(p.79) … 30g

블루베리 콩피튀르(미리 만들어 두는 양)
- 블루베리(냉동) … 500g
- 설탕 … 250g

딸기 소르베(미리 만들어 두는 양)
- 딸기*[1] … 200g
- 딸기 콩피튀르*[2] … 200g
- 그래뉴당 … 100g
- 증점제(Vidofix) … 2.5g

*[1] 알이 작은 딸기를 고른다. 꼭지를 제거하고 계량한다. 자르지 않고 통 딸기 그대로 사용한다.

*[2] 냄비에 딸기와 그래뉴당을 2:1 비율로 넣고 중불에서 으깨가며 끓인다. 그래뉴당이 전부 녹으면 강불로 바꾸어 끓인다. 살짝 떠서 떨어트렸을 때 퍼지지 않고 동그란 모양을 유지하면 완성이다.

마무리(1인분)
- 크림 파티시에(p.75~76) … 1큰술
- 딸기 … 4개
- 발효 버터 사브레(기호에 맞추어) … 1/2개+1개
- 연유 … 적당량
- 피스타치오(다진 것) … 적당량

피스타치오 베녜

1 얇은 원형깍지로 베녜에 구멍을 내고 피스타치오 크림을 30g씩 채워 넣는다.

블루베리 콩피튀르

1 냄비에 블루베리와 설탕을 넣고 중불로 가열한다. 고무주걱으로 가볍게 으깨면서 끓인다. 설탕이 모두 녹으면 강불로 바꾸고 계속 으깨듯이 저어가며 보글보글 끓인다.

2 살짝 떠서 떨어트렸을 때 퍼지지 않고 동그란 모양을 유지하면 완성이다. 볼에 옮겨 담고 표면에 랩을 밀착해 씌운 후 실온에 두고 식힌다.

딸기 소르베

1 믹서에 모든 재료를 넣고 전체적으로 다 갈릴 때까지 돌린다. 아이스크림 기계에 넣고 소르베를 만든다.

마무리

1 유리잔 바닥에 크림 파티시에를 짠다(a). 딸기 1개는 꼭지를 제거하고 길게 4등분해 크림 파티시에 주위에 올린다(b). 나머지 딸기 3개는 따로 둔다.

2 블루베리 콩피튀르 적당량을 크림 파티시에 위에 올리고 발효 버터 사브레를 잘게 부숴 골고루 뿌린다(c).

3 피스타치오 베녜를 눕혀 올린다. 가운데 칼로 십자(+) 모양 칼집을 넣고 손가락으로 살짝 벌려 구멍을 만든다(d).

4 나머지 딸기는 꼭지를 제거하고 3mm 두께로 얇게 썬다. 베녜의 주위에 조금씩 겹치게 꽂아 둥글게 장식한다(e).

⟶ 맨 뒤쪽에 가장 긴 조각을, 앞쪽으로 갈수록 크기가 작은 조각을 꽂으면 높이에 변화가 생겨 아름답다.

5 딸기 소르베 한 스쿱을 올리고 연유를 곁들인다(f). 다진 피스타치오를 뿌리고 발효 버터 사브레 한 개를 꽂아 장식한다(g).

a

b

c

d

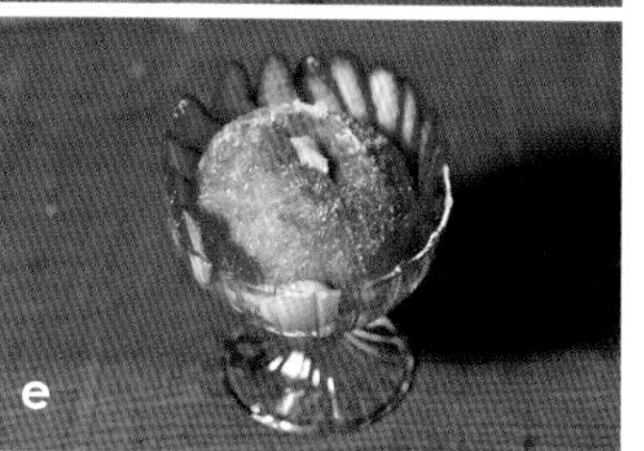
e

f

g

슈퍼 스페셜 도넛 창업 일지

마음이 이끄는 대로 만들어낸
인생 최고의 맛

보드라운 반죽 속에 듬뿍 담긴 깊은 맛의 크림 파티시에. 한 번 먹으면 잊을 수 없을 정도로 맛있는 크림 도넛을 만든 이들은 후타코신치의 디저트 전문점 'Chercheuses'를 운영하는 2명의 파티시에다. 신종 코로나바이러스 팬데믹 기간 동안 가게는 테이크아웃 상품 판매로 방향을 전환할 수밖에 없었다. 이때 두 사람은 프랑스어로 '연구자, 탐구자'를 뜻하는 가게 이름을 따라 그날그날 만들어 보고 싶은 디저트를 마음이 움직이는 대로 만들어 가게에 진열했다. 그중 하나가 도넛이다.

처음 매장에 도넛을 선보인 날 만든 것은 크림 파티시에와 프랑부아즈 콩피튀르 베녜 2가지였다. 50개 정도를 만들고 Instagram 스토리에 올리자 눈 깜짝할 사이에 완판되었다. 이 날 이후 '도넛의 날'이라는 이름으로 사전에 공지하고 400개 정도를 준비해 문을 열었더니 가게 앞에 이미 긴 줄이 늘어서 있었다.

그다음부터 한 달에 한 번 정기적으로 '도넛의 날'을 개최했다. 이때마다 가게는 인산인해를 이루었다. 크림 파티시에를 채운 베스트셀러 상품 '바닐라' 이외는 매번 다른 맛의 도넛을 준비하고 같은 맛은 두 번 다시 판매하지 않았다. 전날 오버나이트 반죽법으로 만들어둔 반죽은 점심나절이면 다 팔려버려서 당일 아침 스트레이트법으로 반죽해 저녁때 다시 튀겨내야 하는 날들이 이어졌다. 2021년 5월 고객의 성원에 힘입어 도쿄 모리시타에 도넛 전문점을 개점했다. 도넛이라는 제품의 친근한 이미지를 강조하고 누구나 직관적으로 알 수 있도록 가게명은 '슈퍼 스페셜 도넛'으로 지었다. 매장을 오픈한 건물은 3년 뒤 철거가 결정되어 있었기에 처음부터 3년 한정으로 영업을 시작했다. 매장 영업은 2024년 5월에 종료되었지만 브랜드는 유지하며 이벤트성 팝업 행사를 진행하고, 매주 토, 일요일에 'Chercheuses'에서 '도넛의 날'도 개최하고 있다. 앞으로도 두 사람의 도넛 연구는 계속될 예정이다.

SHOP INFORMATION

슈퍼 스페셜 도넛
instagram@super_special_doughnut
※이벤트 스케줄은 인스타그램 참고

Chercheuses(쉘 슈즈)
가나가와현 가와사키시 다카쓰구
스와 1-9-23 폴메종II 1F
Tel. 없음
11:00~19:00 비정기적 휴무
instagram@chercheuses_
chercheuses-dessert.shopinfo.jp

오너 파티시에 가네코 마리나

1988년 도쿄도 쿠니타치시에서 태어났다. 제과전문학교를 다니며 디저트 전문 파티시에의 꿈을 키웠다. 졸업 후 프랑스 식당, 일본 요리 전문점, 'FOXEY V.I.P'. cafe(도쿄·긴자, 아오야마) 등에서 디저트를 담당했다. 2019년 4월 동료 파티시에인 쿠로사카 나리코와 함께 독립, 개업했다.

매번 새로운 맛이 펼쳐진다, 자꾸만 먹고 싶어지는 메뉴를 개발하다

2020년 6월 처음으로 도넛을 판매하기 시작했다. 그로부터 반 년도 지나지 않아 도넛 전문점 개업을 결심하고, 2021년 5월 모리시타에 매장을 열었다. 그사이에 매달 한 번씩 '도넛의 날'을 진행했는데 베스트셀러인 '바닐라'(p.74~75)를 제외하고는 맛이 같은 도넛을 두 번 다시 만들지 않았다. 매번 새로운 맛을 선보이며 개발을 거듭했다. 개점 당시에는 25종의 라인업이 갖추어졌고 그중에서 특별히 인기를 얻었던 6종은(취재 당시 라인업 참조) 스테디셀러가 되었다. 계절에 따라 3~5종을 추가하고 가끔씩 파르페나 플레이트 디저트 형식의 도넛을 판매하고 있다. 앞으로는 이벤트의 종류나 출점 장소에 맞추어 자유롭게 메뉴를 전개할 계획이다.

프랑스 제과 전문 파티시에의 진가를 발휘, 도넛을 위한 크림 파티시에

도넛을 사서 돌아가는 시간이 길 수 있다는 전제하에 크림 파티시에에 꽤 많은 양의 버터를 혼합했다. 버터를 배합하면 보형성이 높아지고 수분기가 배어 나와 도넛이 눅눅해지는 것도 방지된다. 크림 도넛은 케이크와 달리 심플하게 반죽과 크림만으로 구성되기 때문에 밸런스를 맞춘다고 크림 파티시에의 맛을 약하게 억누르면 개성이 사라질 수 있다. 그래서 크림의 농후한 풍미가 제대로 전해질 수 있도록 레시피를 개발했다.

탄생의 시초가 된 디저트 코스 전문점

모리시타점이 문을 닫은 후에는 'Chercheuses' 주방에서 도넛을 만든다. 이곳은 현재 테이크아웃 전문매장과 취식이 가능한 카페 공간이 서로 이웃하고 있다. 카페에서는 디저트 코스를 연 4회(춘하추동) 제공한다. 코스는 5가지로 이루어져 있으며 디저트와 어울리는 음료 3종을 함께 맛볼 수 있다. 가격은 8800엔부터다. 테이크아웃 매장에서는 구움 과자 40종, 콩피튀르 5종, 디저트 10종 정도를 판매한다. 메뉴나 상품 구성은 항상 조금씩 달라지며 딱 한 번만 만드는 메뉴도 있다. 매번 일생에 단 한 번뿐인 디저트를 만든다는 마음가짐으로 진심을 다해 임하고 있다.

취재 당일 라인업(총 9종)

스테디셀러 크림 도넛 6종
- 바닐라 500엔
- 홍차 500엔
- 커피 500엔
- 프랑부아즈 피스타치오 650엔
- 캐러멜 너트 600엔
- 초콜릿 550엔

계절 메뉴 4종
- 딸기 마스카르포네 680엔
- 말차 화이트초코 크림 620엔
- 벚꽃 술지게미 밀크 620엔
- 앙버터 550엔

나구모 도넛의 반죽 만들기

NAGMO DONUTS

DONUT SHOP

NAGANO
UEDA

겉은 바삭바삭 속은 보슬보슬
입안에서 사르르 녹아 없어지는 올드패션 도넛.

섬세한 식감이 오래 유지되도록

가족과 친구의 시식 후 의견을 듣고 개선을 거듭한 끝에 반죽은 조금씩 만들어 냉동하고 성형 후 튀긴 다음 하룻밤 더 숙성하는 방법을 선택했다. 반죽은 한 가지만을 사용한다. 완성도 높은 반죽에 토핑을 다양하게 적용해 종류를 늘렸다. 도넛을 만들 때 중요하게 생각한 포인트는 바삭하고 보슬보슬한 식감, 시간이 지나도 변하지 않는 맛, 그리고 토핑의 개성이 돋보이도록 하는 것이었다. 이를 위해 가루 재료는 바삭하고 가벼운 식감을 낼 수 있는 박력분을, 유지는 토핑의 풍미를 해치지 않고 식감을 가볍게 만드는 무미·무취의 쇼트닝을 사용한다. 달걀 1개당 10mL 분량의 우유를 첨가해 달걀 잡내를 제거한다. 은은한 단맛이 배어 나오는 비정제 설탕을 고르고 반죽이 너무 달지 않도록 설탕의 양을 조절했다.

기계의 도움 없이 전부 수작업으로, 1kg씩 바지런히 반죽한다

이상적인 식감을 내기 위해서는 과하게 반죽하지 않고 보송한 질감이 되도록 반죽하는 것이 중요하다. 도넛 9개를 만들 수 있는 1kg 분량을 정성스럽게 손으로 반죽하고, 항상 최상의 반죽을 만들 수 있도록 성형 전까지 세심하게 관리한다. 그날의 온도나 습도에 따라 반죽의 상태가 미묘하게 달라지기 때문에 반죽이 건조하면 달걀물을 더 넣고 질다면 가루 재료를 더 첨가해 섬세하게 조절한다. 완성된 반죽의 상태를 일정하게 유지하기 위해 노력하고 있다.

수고를 아끼지 않고, 정성을 다해

만들어진 직후의 도넛 반죽은 쉽게 부스러져 바로 성형이 불가능하기 때문에 하룻밤 냉동고에 둔다. 반죽이 조금이라도 부서지면 완성된 도넛 모양이나 식감에 영향을 끼칠 뿐만 아니라 튀김유도 더러워질 수 있다. 반죽을 링 모양으로 성형한 뒤 손으로 1개씩 신중하게 가다듬어 가스를 빼고 표면을 매끄럽게 정리하는 것도 튀기기 전 실시하는 중요한 작업이다. 튀김유는 쉽게 변하지 않고 깔끔하게 튀겨지는 카놀라유를 사용한다. 최대 5개까지 들어가는 무쇠 냄비를 이용하고 기름은 천천히 가열해 170℃를 유지한다. 도넛을 넣고 표면이 익을 때까지 최대한 건드리지 않는다. 색이 금방 노릇노릇해져도 설익은 식감이 나지 않도록 위 5분, 아래 4분의 튀김 시간을 지킨다. 튀겨낸 후 하룻밤 냉장 보관하면 반죽이 숙성되어 식감이 바삭하고 보슬보슬한 맛있는 도넛이 완성된다.

NAGMO DONUTS의

올드패션

DAY1

반죽하기
재료를 섞는다→두께 약 1.5cm·
약 20×15 크기의 직사각형→
냉동고에서 12시간 이상

DAY2

해동
냉장고(2~4℃)·3~4시간

성형
링 모양

튀기기
카놀라유(170℃) 5분→
위아래를 뒤집어 4분 /
실온(20℃)에서 식히기

토핑
아이싱·초콜릿 등을 씌운다

숙성
냉장고(2~4℃)·하룻밤

DAY3

판매
캐러멜이나 초콜릿을 씌우지 않은
도넛은 실온 상태로 만든다

INGREDIENTS (9개분)

박력분('슈퍼바이올렛' 닛신제분) … 630g
베이킹파우더 … 12g
유기농 쇼트닝(다봉오가닉·재팬) … 120g
비정제 설탕(닛신제당) … 140g
소금(겔랑드 소금) … 2g
달걀물*[1] … 190g
튀김유(카놀라유) … 적당량

*[1] 달걀(L사이즈) 3개에 저온살균 우유 30mL를 섞고 190g을 계량해 사용한다.
달걀과 우유 모두 차가운 상태로 준비하고 달걀을 풀어준 뒤 우유를 넣고 거품기로 골고루 섞는다.

DAY 1 반죽하기

쇼트닝은 실온 상태. 반죽 만드는 법은 스콘 또는 파운드케이크와 비슷하지만 튀겼을 때 부스러지지 않도록 충분히 반죽한다.

1

볼에 쇼트닝, 설탕, 소금을 넣고 고무주걱으로 힘주어 눌러 펴가며 골고루 섞는다.

소량씩 상태를 확인해 가며 손으로 반죽하면 항상 일정하게 반죽할 수 있다.

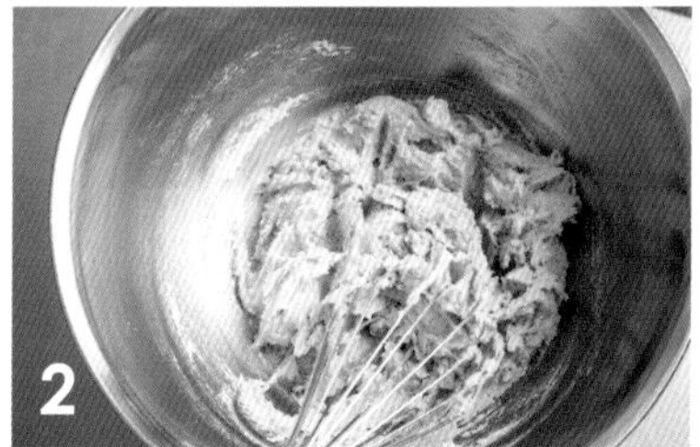

2

고무주걱을 거품기로 바꾸고 저어가며 섞는다. 전체적으로 골고루 섞으면 단단한 크림 상태가 된다.

사진은 첫 번째 달걀물을 넣은 상태. 달걀물을 넣고 골고루 섞이도록 힘주어 젓는다. 쇼트닝의 기름과 달걀물의 수분이 분리되기 쉽지만 처음 1~2회 때 제대로 섞어주면 잘 유화된다.

2에 달걀물을 1/4씩 나누어 넣어가며 거품기로 골고루 섞는다.

첫 번째 달걀물이 완전히 섞이면 두 번째 1/4분량을 넣고 힘주어 골고루 섞는다. 처음에는 분리되는 듯 보이지만 계속 섞다 보면 매끄럽게 유화된다.

반죽이 분리되더라도 밀가루를 섞으면서 상태를 조절할 수 있으니 괜찮다.

세 번째 달걀물을 넣고 골고루 섞는다. 이때부터 유화가 어려워진다. 반죽이 알갱이 모양으로 분리되지만 계속해서 전체를 골고루 저어가며 섞는다.

사진은 달걀물을 모두 넣고 섞은 상태. 반죽 속에 분리된 작은 알갱이가 보이지만 괜찮으니 전체를 잘 저어준다.

마지막 달걀물을 넣고 골고루 섞는다.

레시피의 박력분 분량에서 4큰술을 덜어 **6**에 체 쳐 넣는다.

사진은 다 섞인 상태. 박력분을 소량 넣으면 기름과 박력분이 섞이면서 분리된 알갱이들이 자연스럽게 작아진다.

거품기로 박력분과 반죽을 골고루 섞어준다.

완전히 유화되어 광택이 있는 매끄러운 반죽이 된다. 이후에는 박력분을 넣고 최대한 휘젓지 않고 섞는다.

과정 **7~8**과 같은 방법으로 박력분 4큰술을 넣고 섞는다.

나머지 박력분과 베이킹파우더를 가볍게 섞어 **9**에 체 쳐 넣는다. 고무주걱으로 반죽을 그어가며 자르듯이 섞는다(가능한 치대지 않는다).

스크래퍼로 가장자리 반죽을 모아가며 뭉친다. 가루 재료를 섞은 후에는 최대한 반죽에 손이 덜 닿게 한다.

전체가 일정하게 섞이면 베이킹 시트 가운데 반죽을 옮긴다. 스크래퍼로 가장자리 반죽을 가운데로 모으고 손바닥으로 윗면을 눌러가며 한 덩어리로 만든다.

손바닥으로 누를 때는 너무 힘주지 않고 갈라진 반죽을 모은다는 느낌으로 누른다.

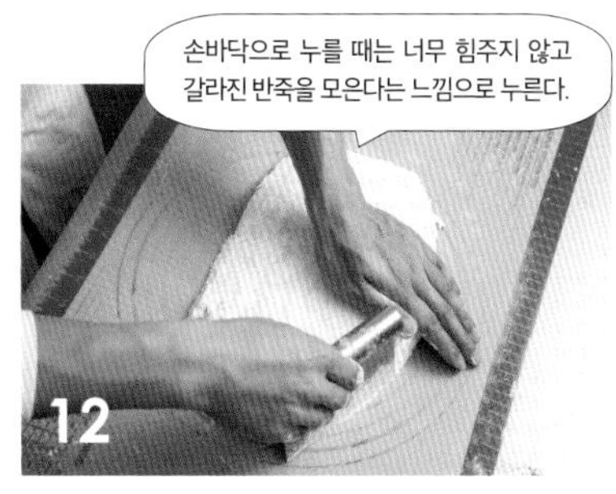

과정 **11**을 반복하면서 2cm 두께로 타원형이 되도록 다듬는다.

반죽이 부스러지기 쉬우니 조심스럽게 들어 올려 겹친다. 이후 반죽을 자르고 겹친 다음 한 덩어리로 가다듬고 손으로 눌러 펴기를 5회 반복한다.

반을 자르고 반죽을 겹쳐 올린다(자르기 1회).

자연스럽게 가운데는 두껍고 가장자리는 얇아진다. 반죽을 너무 주무르면 딱딱해질 수 있으니 손으로 가볍게 누르는 정도로만 매만진다.

과정 **11**과 같이 스크래퍼로 가장자리의 부서진 반죽을 가운데로 모으고 손바닥으로 가볍게 눌러 표면을 다듬는다.

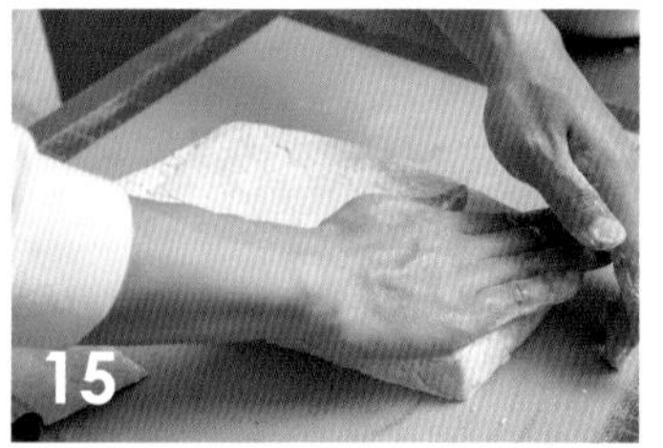

반죽을 그대로 두고 얇은 가장자리 부분을 절반이 안 되게 자른다(자르기 2회). 그대로 겹쳐 올리고 과정 **11**과 같이 스크래퍼로 반죽을 모아가면서 손바닥으로 가볍게 누른다. 2cm 두께가 되도록 표면을 다듬어가며 눌러 편다.

세로로 길어진 반죽을 가로로 2등분하고(자르기 3회) 겹쳐 올린다. 과정 **11**과 같이 가장자리를 다듬어가며 3cm 두께가 되도록 눌러 편다.

베이킹 시트째 뒤집어 반죽의 위아래를 바꾼다. 가루가 뭉쳐 있는 부분은 스크래퍼로 살살 긁어내 뒤집어 붙인다. 과정 **11**과 같이 2cm 두께로 눌러 편다.

반죽을 세로로 2등분하고(자르기 4회) 겹쳐 올린다. 과정 **11**과 같이 가장자리를 다듬어가며 2~3cm 두께가 되도록 눌러 편다.

17번 과정을 3회 반복한다.

가로로 길어진 반죽을 세로로 2등분하고(자르기 5회) 가지런히 겹쳐 올린다. 과정 **11**과 같은 방법으로 가로 20cm×세로 10cm×두께 2cm가 되도록 눌러 편다.

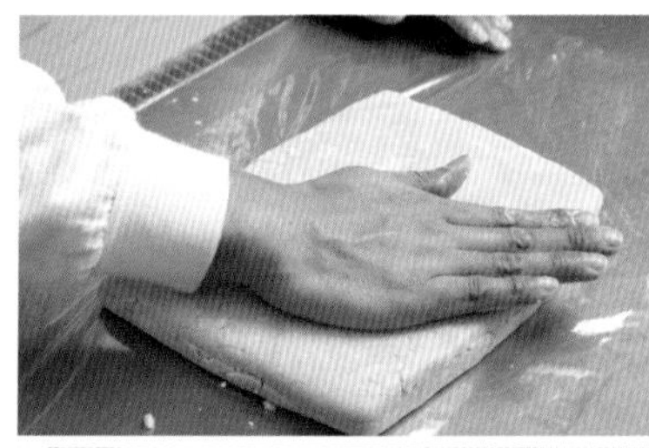

랩 위에 올리고 감싼다.

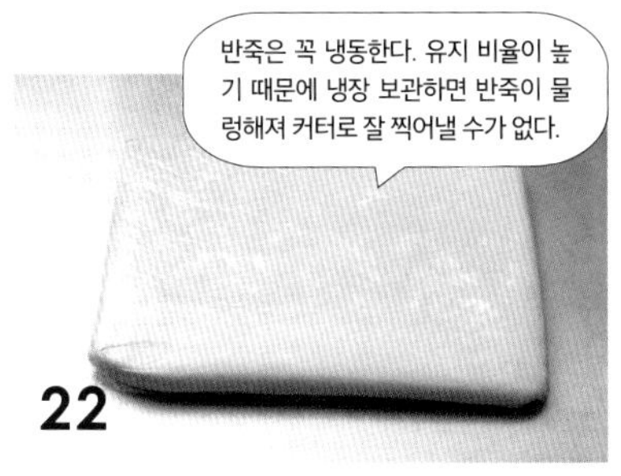

랩의 이음매가 밑으로 가게 놓고 손바닥으로 랩과 반죽 사이의 공기를 빼듯이 가볍게 눌러 편다. 표면이 매끄러워지도록 가다듬고(두께 1.5cm 정도) 하룻밤 냉동 보관한다.

DAY 2 해동·성형

반죽을 냉장고에서 3~4시간 해동한다. 베이킹 시트에 박력분(분량 외)을 얇게 바른다.

반죽은 커터로 찍어낼 수 있을 정도의 굳기로 해동한다. 해동이 과하면 반죽이 무를 수 있다. 기온이 높을 때는 짧게 해동하고 빠르게 작업한다. 반죽의 상태가 쉽게 변하니 반씩 나누어 성형한다.

2

해동한 반죽을 1의 베이킹 시트에 올려놓는다. 세로로 2등분하고 1개는 랩으로 감싸 냉장고에 넣어둔다.

반죽 위에 랩을 씌우고 밀대로 표면을 매끄럽게 정리하면서 가볍게 밀어 편다. 반죽을 뒤집고 같은 방법으로 밀어 편다. 1.5cm 두께가 될 때까지 이 과정을 1~2회 반복한다.

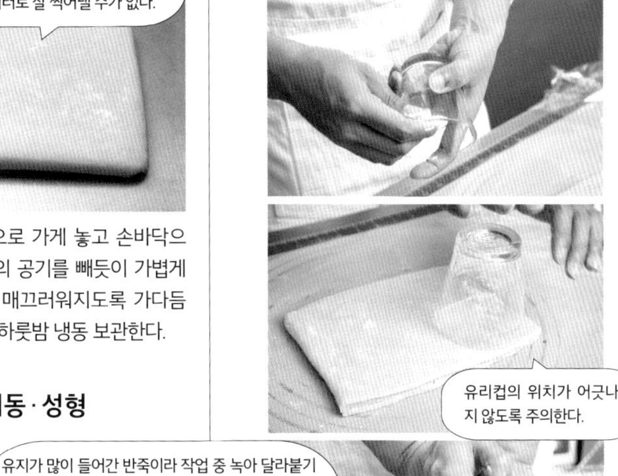

유리컵(지름 9cm) 입구에 박력분(분량 외)을 문질러 바르다. 반죽 위에 유리컵을 뒤집어 올리고 양손으로 힘주어 수직으로 찍어 누른 다음 컵을 빙글빙글 돌린다. 같은 방법으로 3개 더 찍어낸다.

남아 있는 반죽을 떼어내고 찍어낸 반죽 가장자리에 붙은 반죽 조각과 작은 덩어리들을 제거한다. 손바닥으로 가볍게 눌러 매끄럽게 다듬는다. 찍어내고 남은 반죽은 랩으로 감싸 냉장고에 넣어둔다.

원형 커터는 작은 벚꽃 커터 뒤의 동그란 부분을 사용. 찍어낸 반죽은 모아서 튀겨낸 뒤 '미니 도넛'으로 판매한다.

6

지름 6.8cm의 도넛 커터로 윗면에 얕게 선을 찍는다. 지름 2.5cm 원형 커터로 반죽 중앙에 구멍을 낸다.

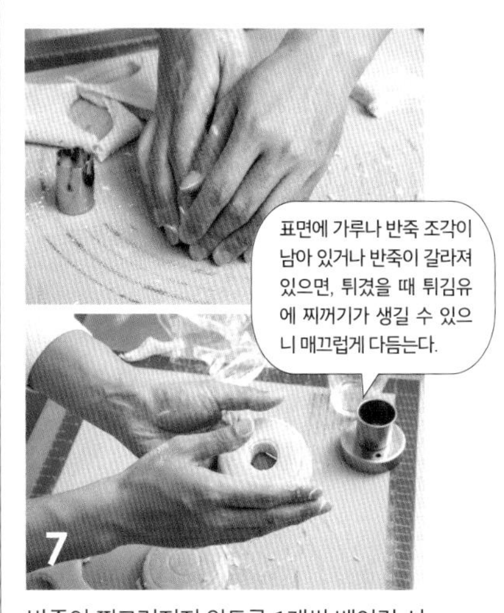

반죽이 찌그러지지 않도록 1개씩 베이킹 시트에서 조심히 떼어낸다. 반죽을 양손으로 돌려가며 여분의 밀가루와 반죽을 떼어내고 살살 문질러 표면을 매끄럽게 정리한다.

성형이 끝난 반죽은 베이킹 시트를 깐 트레이에 가지런히 올린다. 랩을 씌우지 않고 냉장고에 넣어 튀기기 전까지 표면을 살짝 말린다. 나머지 반죽도 같은 방법으로 성형한 뒤 건조한다.

최대한 손이 덜 가게 성형한다.

과정 **5**에서 찍고 남은 반죽을 냉장고에서 꺼내 겹쳐 올린다. 반죽의 방향을 바꾸어가며 스크래퍼로 벽을 세우듯이 가장자리를 눌러 사각형 모양이 되도록 매만진다.

이때 나오는 나머지 반죽은 튀겼을 때 식감이 좋지 않기 때문에 판매용으로는 적합하지 않다. 견본용 도넛 등을 만들 때 사용한다.

반죽 위에 랩을 씌우고 밀대로 1.5cm 두께가 되도록 밀어 편다. 랩을 벗기고 과정 **4~8**까지 동일한 방법으로 찍어낸다. 표면을 매끄럽게 정리한다.

튀기기

180℃가 되면 타기 시작하니 온도가 올라가면 불을 줄인다. 한 번에 4~5개의 반죽을 넣는다. 반죽을 넣으면 가라앉았다가 바로 떠오른다. 서로 들러붙지 않도록 집게로 위치를 바꾸는 것 이외에는 최대한 건드리지 않는다. 건드릴수록 반죽이 흐슬부슬 부스러진다.

무쇠 냄비에 카놀라유를 넣고 170℃가 될 때까지 가열한다. 도넛 커터로 선을 넣은 쪽이 밑으로 가게 반죽을 넣는다.

냄비의 중앙이 가장 온도가 높기 때문에 반죽에 색이 나기 시작하면 중간중간 집게로 들어 올려 색을 체크한다. 색이 진한 반죽은 냄비 가장자리 쪽으로 이동시킨다.

반죽이 노릇노릇하고 단단해지면 열이 골고루 전해지도록 집게로 천천히 돌리듯이 움직여 위치를 바꾼다.

깨끗한 기름에 처음 튀긴 반죽은 갈색빛이 조금 늦게 든다. 그래도 5분이 지나면 뒤집는다.

튀김유에 넣고 5분이 지나면 선을 넣은 부분이 벌어지면서 갈색빛을 띠기 시작한다. 이때 아래위를 뒤집어준다.

튀긴 직후에는 부스러지기 쉬우니 조심히 들어 올린다.

2와 같은 방법으로 4분간 튀긴다. 전제적으로 먹음직스러운 갈색이 되면 집게로 조심히 들어 올리고 천천히 위아래로 흔들어 기름을 털어낸다.

부서지기 쉬운 반죽이라 식힘망 위에 올리면 찌그러지거나 자국이 남기 쉽다.

키친 페이퍼를 깐 트레이 위에 나란히 올려 기름기를 흡수시킨다. 식을 때까지 실온에 둔다. 윗면에 기름기가 비치면 키친 페이퍼를 살짝 걷어낸다.

찍고 남은 도넛의 구멍 반죽은 마지막에 모두 모아 튀긴다(170℃ 2~3분).

숙성하기

반죽이 식으면 토핑을 올린다(크림류 토핑은 하룻밤 숙성한 후 올린다). 보관용기에 넣어 냉장고에서 하룻밤 숙성한다.

DAY 3 판매

초콜릿이나 캐러멜을 올린 도넛은 아이스박스에 보관하고 그 이외는 실온 상태에서 판매한다.

NAGMO DONUTS

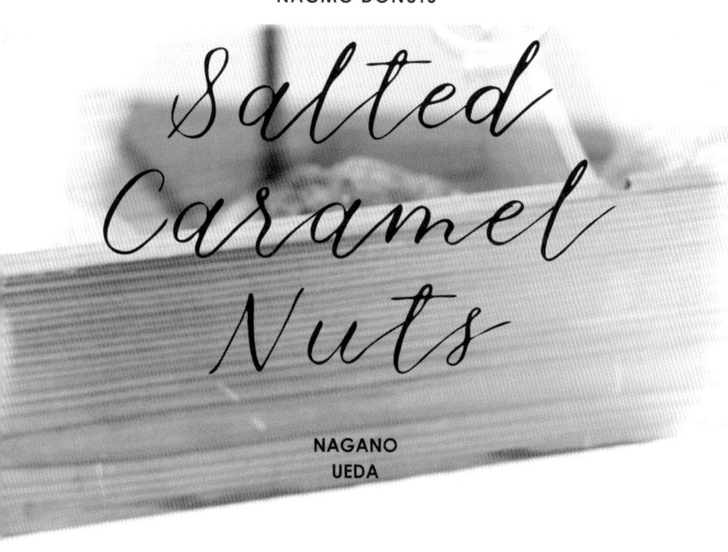

NAGANO
UEDA

캐러멜의 단맛을 줄이고 짠맛과 쌉싸래함을 강조한 어른들을 위한 도넛입니다. 캐러멜리제한 바삭바삭한 너트가 맛의 포인트가 되지요. 호두와 아몬드, 캐슈너트의 풍미와 식감이 도넛의 맛을 한층 풍부하게 채워준답니다.

소금 캐러멜 너트

INGREDIENTS (30개분)

올드패션 지름 9cm(p.88~92) … 적당량

캐러멜 크림

- 그래뉴당 … 200g
- 물 … 40g
- 생크림(유지방분 35%) … 200g
- 소금(겔랑드 소금) … 3g

너트 캐러멜리제

- 믹스 너트*[1] … 400g
- 그래뉴당 … 160g
- 물 … 40g
- 버터 … 15g
- 소금(겔랑드 소금) … 7g

*[1] 호두, 아몬드, 캐슈너트를 믹스한 것

캐러멜 크림

1. 냄비에 그래뉴당과 물을 넣고 가열해 캐러멜색이 될 때까지 끓인다.
2. 생크림과 소금을 섞은 후 전자레인지에서 약 1분간 데운다.
3. **1**을 불에서 내리고 따뜻한 상태의 **2**를 3회에 나누어 넣어가며 섞는다.

너트 캐러멜리제

1. 믹스 너트를 두꺼운 비닐백(지퍼백 사용)에 넣고 밀대로 두드려 잘게 부순다.
2. 냄비에 그래뉴당과 물을 넣고 가열한다. 작은 기포가 올라오고 색이 변하기 시작하면 **1**을 넣는다.
3. 냄비를 천천히 돌려가며 캐러멜색이 될 때까지 끓인다. 불을 끄고 버터와 소금을 넣어 녹을 때까지 섞는다.
4. 트레이에 **3**을 펼쳐 올리고 실온에서 식힌다. 식어서 굳으면 손으로 바스러뜨린다.

마무리

1. 올드패션의 벌어진 선 부분에 캐러멜 크림을 숟가락으로 2~3스푼 떠 고르게 올린다.
2. 너트 캐러멜리제를 골고루 뿌린다.

NAGMO DONUTS

Tiramisu Cream

NAGANO
UEDA

에스프레소를 머금은 올드패션에 마스카르포네와 크림치즈를 섞은 산뜻한 휘핑크림을 올리고 카카오파우더를 뿌려 마무리했습니다. 매장에서만 맛볼 수 있는 특별한 메뉴랍니다.

티라미수 크림

INGREDIENTS (10개분)

올드패션 지름 8cm(p.88~92)*[1] … 10개

티라미수용 크림

A

크림치즈('럭스' 홋카이도유업) … 40g
마스카르포네 치즈(우유 100%) … 40g
그래뉴당 … 20g

B

생크림(유지방분 35%) … 100g
그래뉴당 … 20g

마무리

에스프레소*[2] … 적당량
코코아파우더(카카오분 100%·무가당) … 적당량

*[1] 티라미수 도넛은 볼륨감 있는 토핑이 올라가기 때문에 평소보다 작게 지름 8cm 커터로 도넛을 만든다.
*[2] 매장 한정 메뉴이므로 매장의 커피머신에서 추출한 에스프레소를 사용한다. 커피믹스(무가당)로 대체할 수 있다.

티라미수용 크림

1 볼에 재료 **A**를 모두 넣고 고무주걱으로 부드럽게 풀어준다(**a**).

2 다른 볼에 재료 **B**를 넣는다. 얼음물 위에 볼을 올리고 핸드믹서로 7분간 휘핑한다(**b**).

3 **1**에 **2**를 소량 넣고(**c**) 핸드믹서로 섞는다.
→ **1**과 **2**가 잘 섞이도록 **1**에 **2**를 미리 조금 섞어 단단하기를 조절한 다음 전부 섞는다.

4 **2**를 다시 핸드믹서로 8분간 휘핑한다.
→ **3**의 질감과 비슷해지도록 조금 단단하게 휘핑한다.

5 **4**의 볼에 **3**을 넣는다(**c**), 얼음물 위에 볼을 올리고 핸드믹서로 크림에 뿔이 생길 때까지 단단하게 휘핑한다(**d**).
→ 짤주머니에 넣는다. 짰을 때 깔끔하게 모양낼 수 있는 단단하기가 좋다. 바로 사용하지 않을 때는 냉장고에 보관하고 짜기 직전 다시 휘핑한다.

마무리

1 올드패션의 벌어진 선 부분에 에스프레소를 3~4작은술 분량 끼얹는다(**e**).

2 별깍지(10발)를 끼운 짤주머니에 티라미수용 크림을 채우고 도넛 윗면에 링 모양으로 돌려 짠다(**f**). 그 위에 한 번 더 봉긋하게 돌려 짠다.

3 작은 체로 코코아파우더를 뿌려 마무리한다(**g**).

a

b

c

d

e

f

g

NAGMO DONUTS

Matcha Lemon

NAGANO
UEDA

도넛에 레몬즙을 바르고 말차 풍미의 화이트초콜릿을 올린 후 레몬 제스트로 마무리했습니다. 말차의 쌉싸름함, 초콜릿의 달콤함, 레몬의 상큼함까지 삼박자가 어우러져 맛이 일품이랍니다.

말차 레몬

INGREDIENTS (15개분)

올드패션 지름 9cm(p.88~92) … 15개

말차 화이트초콜릿

- 화이트초콜릿 … 210g
- 베이킹용 참기름(타이하쿠 고마유) … 7g
- 말차파우더(제과용) … 11g

마무리

- 레몬즙 … 적당량
- 레몬껍질 간 것 … 적당량

말차 화이트초콜릿

1. 화이트초콜릿을 중탕으로 녹인다. 참기름을 넣고 고무주걱으로 골고루 섞는다.
2. 1에 말차파우더를 체 쳐 넣고 고무주걱으로 골고루 섞는다.

마무리

1. 올드패션의 벌어진 선 부분에 제과용 붓으로 레몬즙을 골고루 바른다. 그 위에 말차 화이트초콜릿 3~4작은술 분량을 고르게 올린다. 실온에 두고 표면을 건조한다.
2. 1이 완전히 마르면 간 레몬껍질을 골고루 흩뿌린다.

NAGMO DONUTS

White Chocolate Earl Grey

NAGANO
UEDA

얼그레이 찻잎을 화이트초콜릿에 섞고 마무리에도 뿌려주어 감미로운 차의 향미를 온전히 즐길 수 있습니다. 새콤한 맛과 쫄깃한 식감의 블루베리를 곁들여 씹을 때마다 입이 즐거워지고 보기에도 예쁘답니다.

화이트초코 얼그레이

INGREDIENTS (15개분)

올드패션 지름 9cm(p.88~92) … 15개

얼그레이 화이트초콜릿

- 화이트초콜릿 … 210g
- 베이킹용 참기름(타이하쿠 고마유) … 7g
- 얼그레이 찻잎 … 3~4g

마무리

- 건조 블루베리(잘게 다진 것) … 적당량

얼그레이 화이트초콜릿

1 화이트초콜릿을 중탕으로 녹인다. 참기름을 넣고 고무주걱으로 골고루 섞는다.

2 얼그레이 찻잎을 믹서로 간 후 차 거름망에 거른다. 차 거름망 위에 남은 큰 입자 3~4g을 **1**에 넣어 섞는다. 밑에 떨어진 고운 가루는 마무리에 사용한다.

마무리

1 올드패션의 벌어진 선 부분에 얼그레이 화이트초콜릿 3~4작은술 분량을 골고루 올린다.

2 **1**이 마르기 전에 고운 얼그레이 가루(위에서 남은 분량)를 고르게 뿌리고, 건조 블루베리를 올린다.

NAGMO DONUTS 창업 일지

하나하나 정성을 담아 만드는,
섬세한 식감의 올드패션

NAGMO DONUTS은 나가노현 우에다시에서 팝업스토어 방식으로 운영되는 올드패션 도넛 전문점이다. 2021년 10월 개장 이후로 나가노현 등지에서 홈메이드 마켓과 잡화점, 영화관과 카페 행사 등에 참가해 매번 서로 다른 6~7종의 도넛을 선보인다. 다른 곳에서는 맛볼 수 없는 바삭하고 포슬포슬한 식감의 특별한 도넛이란 호평을 얻으며 항시 완판 행진을 이어가고 있다.

오너인 나구모 노리유키 씨는 '집에 가져가서 먹어도 맛있고, 다음날까지도 맛이 변하지 않는 도넛'을 목표로 올드패션 반죽 만들기에 공을 들였다. 처음부터 혼자서 제조와 판매가 가능하도록 상품과 매장의 형태를 고안했다. 고심 끝에 반죽을 냉동하고 성형해서 튀긴 다음 토핑을 올려 다시 하룻밤 숙성하는 방법을 찾아냈다. 완성도를 높인 플레인 반죽에 다양한 형태로 토핑을 변주해 베리에이션을 넓혔다. 오프라인 매장을 차리지 않고 렌탈 키친에서 제조해 팝업 스토어 형식으로 판매하는 영업 스타일을 구축해 브랜드를 오픈했다.

개업 초기에는 '메이플 시럽', '시나몬', '캐러멜 너트' 등 6가지 종류로 시작했지만, 계절마다 새로운 토핑과 메뉴를 추가해 현재는 20여 종의 라인업을 갖추고 있다. 판매 아이템은 계절이나 당일의 기후를 고려해 결정하는데 보통 여름에는 단순한 토핑을 가을, 겨울에는 말차나 베리류 등으로 화려하게 장식한 초콜릿 토핑을 올린 도넛이 주를 이룬다. 판매 개수는 행사 규모에 따라 다르지만 하루에 150~200개 정도이며 최고 기록은 430개다. 기본적으로는 혼자서 무리 없이 만들 수 있는 정도로만 페이스를 유지 중이다.

요즘은 주말을 포함해 매달 7~8회 정도 행사에 참여하고 있으며 오래전부터 인연을 이어온 카페 등에서 위탁 주문도 받고 있다. 최근에는 도쿄도와 나가사키 등 먼 지역까지 발을 넓혔다. 행사 참여 일정은 2~3달 뒤까지 꽉 차 있다.

2024년 여름에는 오프라인 매장을 개점했다. 온라인 판매도 준비 중이며 가까운 시일 내에 전국에서 나구모 도넛을 맛볼 수 있도록 시스템과 배송 방법을 검토하고 있다.

SHOP INFORMATION

나가노현 우에다시 토키와기 3-7-37
tel. 없음
instagram@nagmo_donuts
운영시간, 휴무일 인스타그램 참고

오너 나구모 노리유키

1995년 나가노현 출생. 의류회사에서 3개월간 근무 후 고향으로 돌아와 공장에서 일을 배웠다. 취미로 시작했던 제과에 매료되어 당시 고향에는 없던 도넛 전문점 개업을 목표로 퇴사를 결심, 독학으로 레시피를 연구하고 혼자서 영업 가능한 사업 스타일을 구축했다. 2021년 9월 주말에만 팝업 스토어 형식으로 운영하며 비정기적 위탁판매를 실시하는 올드패션 도넛 전문점 'NAGMO DONUTS'을 오픈했다.

자연소재를 활용한 디스플레이로, 온기 가득한 판매대를 만들다

팝업 스토어를 열 때는 현지의 목공 작가가 제작한 나무 간판과 진열용 쇼케이스를 비롯해 판매대와 물건 정리대로 활용하는 테이블 2개와 벤치, 텐트 등을 가지고 가 현장에 설치한다. 테이블에 천연 염색 명장이 만든 테이블클로스를 깔고 계절감이 느껴지는 생화 한 송이를 장식하면 손님맞이 준비가 끝난다. 로고는 나구모 씨가 도넛을 나르는 모습을 일러스트레이터에게 의뢰해 디자인했다. 취재 당일에는 지인이 운영하는 수입 잡화점 'LAVALI(라바리)'(나가노현 도미시)의 이전 오픈 행사에 참여했다. 이날은 사남매 중 막내인 나구모 씨를 위해 누나인 니시자와 에리 씨가 판매를 도왔다. 그는 'NAGMO DONUTS' 덕분에 가족 간의 대화도 많아지고 응원에 힘입어 성장하고 있다며 소회를 밝혔다.

식감이 바삭하고 포슬포슬한 도넛은, 판매 당일부터 이틀 뒤까지 맛있다

도넛을 살 때는 기대감으로 가득 차 행복한데 막상 먹으려고 하면 너무 말랐거나 기름져 있을 때가 많아 속상했다. 그래서 처음 샀을 때처럼 먹을 때도 행복하도록 시간이 지나도 바삭한 식감을 유지하는 도넛을 만들고 싶었다. 연구 끝에 개발한 것이 지금이 올드패션 레시피다. 기본 레시피를 바탕으로 여러 차례 보완을 거듭했다. 유지는 바삭함이 오래 유지되는 유기농 쇼트닝을 사용하고 최대한 손이 덜 가게 반죽한 뒤 하룻밤 냉동시킨다. 판매 전날 성형하고 튀긴 다음 토핑을 올려 마무리한 뒤 하룻밤 더 숙성하면 완성이다. 도넛 특유의 보슬보슬하고 바삭한 식감이 유지될 뿐만 아니라 토핑의 맛이 배어들어 다음날 먹어도 맛있는 도넛이 된다.

판매 전날 만들어 두면, 혼자서도 영업이 가능

원래부터 베이킹을 좋아했던 나구모 씨는 도넛 만드는 법을 독학으로 익혔다. 업소용 기계는 사용해 본 적이 없을뿐더러 우선은 익숙한 방법으로 만들고 싶어 모든 도넛은 직접 손반죽한다. 도넛 9개를 만들 수 있는 반죽(약 1kg) 한 덩어리를 대략 40~50분에 걸쳐 준비하고 미리 필요한 양만큼 반죽해 하룻밤 이상 냉동시킨다. 시간은 오래 걸리나 판매 일정에 맞추어 제조 스케줄을 짜기 쉽다. 판매 전날 성형, 튀기기, 마무리로 토핑까지 끝내야 하지만, 그 덕분에 판매 당일에는 매장에만 집중할 수 있어 혼자서도 제조와 판매가 가능하다.

취재 당일 라인업(총 7종)

올드패션 7종
- 소금 캐러멜 너트 380엔
- 화이트초코 코코넛 380엔
- 레몬 글레이즈 330엔
- 메이플 글레이즈 330엔
- 시나몬 300엔
- 검은깨 콩가루 300엔
- mini donuts 270엔

HOCUSPOCUS의 베리에이션 만들기

HOCUS POCUS

DONUT SHOP

TOKYO
NAGATACHO

아름다운 디자인과 세밀한 맛의 향연
스팀과 오븐에서 찾아낸 도넛의 가능성

심플한 케이크 반죽이 스팀과 오븐을 통해 새로워지다

HOCUSPOCUS에서는 항시 15~20가지 종류의 도넛을 매장에 진열한다. 그중 80%는 스테디셀러이고 나머지 20%는 계절 한정 상품이다. 지금까지 판매한 도넛을 전부 합치면 100여 종에 이른다. 반죽의 베이스는 거의 비슷하며 주재료는 밀가루, 베이킹파우더, 설탕, 아몬드파우더, 달걀, 버터다. 맛에 따라 아몬드파우더, 달걀, 버터의 배합률을 조절한다. 플레이버를 다양하게 전개할 수 있도록 기본 반죽은 가루 재료의 풍미가 그대로 전해지는 심플한 케이크 반죽을 사용한다. 여기에 스파이스, 필, 리큐르, 너트 같은 여러 종류의 재료를 더해 스팀 또는 오븐에서 구워낸다.

누구를 위한 도넛인가?

새로운 도넛을 개발할 때 중요하게 생각하는 부분은 맛과 식감에 입체적인 깊이감을 내는 것이다. 디자인 또한 빼놓을 수 없다. 소중한 사람에게 선물하고 싶은 도넛인지를 상시 염두해가며 레시피를 만든다. 이때 이정표로 삼는 질문이 '누구를 위한 도넛인가?'다. 예를 들어, '차이'라는 도넛을 개발할 때 상상했던 고객의 캐릭터는 '20대. 긴 생머리. 원피스를 즐겨 입고 항상 얼굴에 미소를 띤 여성. 취미는 카페 탐방. 디저트는 친구와 함께라면 세 개까지 거뜬'이었다. 이렇듯 나이, 성별, 옷차림, 취미, 행동, 성격. 가치관, 말투까지 세밀하고 구체적인 캐릭터를 설정하고 그 사람에게 어울리는 맛과 식감, 디자인은 무엇인지 생각하며 풍미와 모양을 여러 차례 테스트해 완성한다.

직원 모두가 함께 만든 메뉴

HOCUSPOCUS에는 셰프가 없다. 신제품 아이디어는 직원이라면 누구나 언제든지 낼 수 있다. 테스트를 위한 재료도 항시 알아서 주문 가능하고 테스트 시점도 가게의 상황에 맞추어 각자 결정한다. 시제품은 스태프 전원이 시식하고 의견을 종합해 업그레이드해 나간다. 최종 판매 결정은 점장인 후지와라 야요이 씨가 맡는다. 모두가 동등한 위치에서 개발하기 때문에 직원 모두의 개성과 취향이 한데 어우러져 자연스럽게 새로운 메뉴가 탄생한다. 이런 자유로운 방식 덕분에 다채로운 메뉴를 선보일 수 있다.

HOCUSPOCUS

Crepe Chunk

TOKYO
NAGATACHO

가루 재료들과 달걀의 풍미를 그대로 담아낸 식감이 부드러운 도넛입니다. 표면에는 바삭바삭한 크레이프 반죽을 듬뿍 올렸답니다. 물리지 않는 담백한 맛으로 오래도록 사랑받아온 인기 상품이지요. 매장 오픈 직후에는 갓 구운 도넛을 맛볼 수 있습니다.

HOCUSPOCUS의

크레이프 청크

DAY1

반죽하기
스탠드믹서(비터) 저속 약 5분→
유지 투입→저속 약 2분

숙성
실온(20℃)·30분

굽기
64g→165℃·18분→식히기

INGREDIENTS (약 10개분)

플레인 도넛 반죽
A*[1]
- 강력분 … 87.5g
- 박력분 … 37.5g
- 베이킹파우더*[2] … 5g
- 그래뉴당 … 120g

아몬드파우더 … 50g
달걀 … 160g
버터 … 150g
푀이앙틴*[3] … 50g

*[1] 모두 합쳐 체 쳐 둔다.
*[2] 알루미늄 프리 제품.
*[3] 얇게 구운 크레이프 반죽을 건조 시킨 후 잘게 부순 것. 시판용 사용.

DAY 1 반죽하기

비터를 끼운 스탠드믹서에 재료 **A**를 넣고 아몬드파우더와 달걀을 넣는다. 저속으로 5분간 섞는다.

버터는 전자레인지(800W)에 약 1분 30초간 돌려 녹인다(반죽에 섞을 때는 45~50℃ 정도가 되면 좋다).

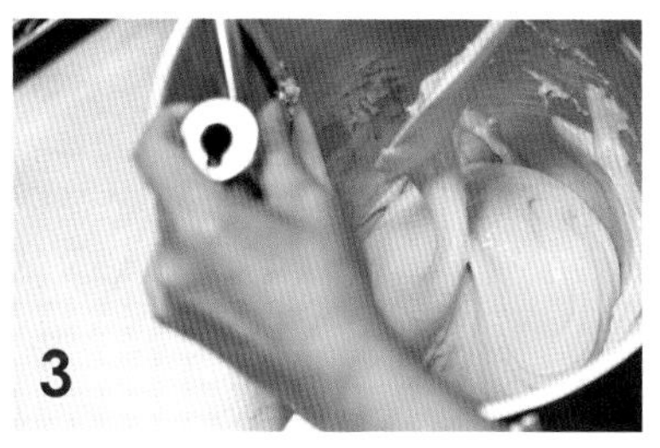

믹싱볼을 믹서에서 분리한 뒤 덜 섞인 부분이 없도록 고무주걱으로 바닥을 골고루 뒤집어 섞는다.

반죽이 고르게 다 섞이면 믹싱볼을 다시 믹서에 끼운다. 저속으로 돌려가며 녹인 버터를 조금씩 흘려 넣는다. 버터를 다 넣고 2분간 더 믹싱한다.

숙성

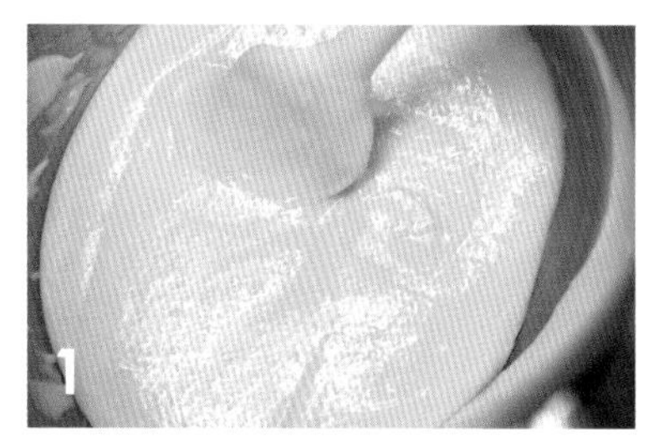

반죽에 윤기가 돌고 점성이 생기면 완성이다. 믹싱볼에 랩을 씌우고 실온(20℃)에서 30분간 숙성한다.

굽기

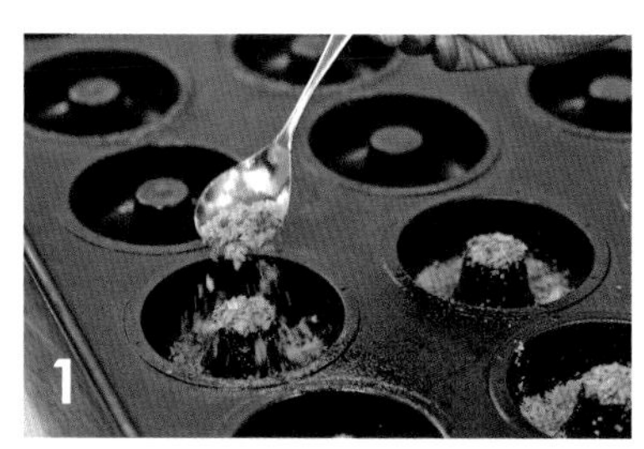

틀에 철판이형제(분량 외)를 뿌리고 푀이앙틴을 5g씩 넣는다.

퓌이양틴이 틀 안에 골고루 펼쳐지도록 틀을 흔든다.

숙성한 반죽은 전체적으로 일정한 상태가 되도록
고무주걱으로 섞어준 뒤 짤주머니에 넣는다.

2의 틀에 64g씩 짜 넣고 표면을 팔레트 나이프로 평평하게 정리한다.

165℃로 예열한 스팀 컨벡션 오븐(열풍 모드)에
넣고 18분간 굽는다.

오븐에서 꺼낸 다음 식힘용 트레이 위에 틀을 뒤
집어 도넛을 분리한다.

보관·판매

식힘용 트레이를 렉 선반에 꽂아 식힌다. 다른 도넛은 구운 후 냉동 보관하지만, 크레이프 청크는 도넛 본연의 맛을 즐길 수 있도록 매일 아침 갓 구운 도넛을 판매한다.

HOCUSPOCUS

촉촉한 식감을 자랑하는 글루텐프리 도넛입니다. 폴렌타가루와 쌀가루를 혼합해 만들고, 달걀 본연의 감칠맛이 살아 있는 은은한 풍미의 반죽을 만들기 위해 심플한 재료들로 레시피를 구성했답니다. 폴렌타가루가 빚어내는 바삭바삭한 식감으로 즐거움을 더했습니다.

폴렌타

INGREDIENTS (약 9개분)

버터*[1] … 200g
비정제 설탕 … 180g
달걀 … 140g
폴렌타가루 … 88g

A*[2]
- 쌀가루 … 80g
- 아몬드파우더 … 220g
- 베이킹파우더*[3] … 4g
- 소금 … 한꼬집

*[1] 실온 상태로 만든다.
*[2] 모두 합쳐 체 쳐 둔다.
*[3] 알루미늄 프리 제품.

1 비터를 끼운 스탠드믹서에 버터와 설탕을 넣고 저속(10단계 중 1단계)으로 1분 30초 정도 섞는다. 중속으로 올리고 한 단계 밝은 색상이 될 때까지 1분간 믹싱한다.

2 달걀을 넣고 저속(10단계 중 1단계)으로 약 30초간 섞는다.

3 폴렌타가루와 재료 **A**를 넣고 최대한 공기가 들어가지 않도록 저속(10단계 중 2단계)으로 1분 정도 섞는다.

4 반죽을 짤주머니에 넣는다. 틀에 철판이형제(분량 외)를 뿌리고 반죽을 80g씩 짜 넣는다. 표면을 팔레트 나이프로 평평하게 정리한다.

5 165℃로 예열한 스팀 컨벡션 오븐(콤비 모드)에 넣고 17분간 굽는다.

6 다 구워지면 틀째 실온에서 식힌다. 잔열이 사라지면 틀에서 꺼낸다(반죽이 부드러워 뜨거울 때 꺼내면 뭉개질 수 있다). 완전히 식으면 냉동 보관이 가능하다. 냉동 보관한 도넛은 실온에서 해동하고 165℃로 예열한 스팀 컨벡션 오븐(콤비 모드)에 넣고 2분간 굽는다.

HOCUSPOCUS

Lychee Grapefruit

TOKYO
NAGATACHO

자몽이 들어가는 '디타모니'라는 칵테일에서 영감을 받아 개발한 봄여름 한정 상품입니다. 반죽과 아이싱에는 자몽을, 토핑에는 감귤필을 더했지요. 묵직한 식감이지만 열대과일처럼 달콤 상큼한 맛 덕분에 무더운 날에도 자꾸만 생각나는 별미랍니다.

리치 그레이프프루트

INGREDIENTS (약 10개분)

반죽
플레인 도넛 반죽
A
- 강력분 … 87.5g
- 박력분 … 37.5g
- 베이킹파우더*[1] … 5g
- 그래뉴당 … 120g

아몬드파우더 … 25g
버터 … 125g
달걀 … 150g
디타 리큐르 … 20g
자몽필(우메하라) … 125g

아이싱
디타 리큐르 … 40g
정수물 … 20g
자몽필(우메하라) … 40g
슈거파우더 … 200g

마무리
감귤필(시게하라신도스토어) … 약 30g
말린 민트잎 … 적당량

*[1] 알루미늄 프리 제품.

반죽

1 크레이프 청크(p.102~104)와 같은 방법으로 플레인 도넛 반죽을 만들고 숙성한다.

2 비터를 끼운 스탠드믹서에 **1**의 믹싱볼을 넣고 저속으로 섞으며 디타 리큐르를 조금씩 흘려 넣는다. 전체적으로 골고루 섞이도록 1분 더 섞는다.

3 자몽필을 넣고 전체적으로 골고루 섞이도록 저속으로 30초 더 섞는다.

4 반죽을 짤주머니에 넣는다. 틀에 철판이형제(분량 외)를 뿌리고 반죽을 68g씩 짜 넣는다. 표면을 팔레트 나이프로 평평하게 정리한다.

5 110℃로 예열한 스팀 컨벡션 오븐(스팀 모드)에 넣고 17분간 익힌다. 다 익으면 식힘용 트레이 위에 틀을 뒤집어 도넛을 분리한다. 식힘용 트레이를 렉 선반에 꽂아 식히고 완전히 식으면 냉동 보관한다. 냉동 보관한 도넛은 실온에서 해동한 다음 마무리한다.

아이싱

1 냄비에 디타 리큐르와 정수물을 넣고 끓여 알코올 성분을 날린다.

2 푸드 프로세서에 **1**과 자몽필, 슈거파우더를 넣고 자몽이 작게 다져질 때까지 돌린다.

마무리

1 도넛을 들고 틀에 닿았던 부분을 아이싱에 담갔다 뺀 후 남은 아이싱을 털어낸다. 트레이에 놓고 도넛 윗면의 반만 감귤필을 3g씩 올려 장식한 후 말린 민트잎을 뿌린다.

HOCUSPOCUS

Chai

TOKYO
NAGATACHO

향신료와 홍차의 고급스러운 향미를 즐길 수 있는 스팀 도넛입니다. 부드러운 반죽에 배어 있는 카다멈과 시나몬의 달콤한 향, 흑임자의 고소함이 맛을 한층 풍부하게 만들어주지요. 장식으로 올린 코코넛칩이 재미있는 식감과 시각적 만족감을 선사한답니다.

차이

INGREDIENTS (약 10개분)

반죽

플레인 도넛 반죽

A[*1]

강력분 … 87.5g
박력분 … 37.5g
베이킹파우더[*2] … 5g
그래뉴당 … 120g

아몬드파우더 … 50g
달걀 … 150g
버터 … 150g

차이파우더[*3] … 6g
흑임자[*4] … 10g

차이 초콜릿

화이트초콜릿 … 100g
차이파우더[*3] … 2g

마무리

유기농 코코넛칩(아리산)[*5] … 적당량

*[1] 모두 합쳐 체 쳐 둔다.
*[2] 알루미늄 프리 제품.
*[3] 아삼 찻잎 58g, 통 카다멈 20g, 시나몬스틱 14g, 통 클로브 3g, 진저파우더 3g, 통 흑후추 3g을 믹서에 넣고 곱게 간다.
*[4] 사용하기 전에 오븐에서 가볍게 구워 향을 살린다.
*[5] 160℃ 오븐에서 2~3분간 굽는다.

반죽

1 크레이프 청크(p.102~104)와 같은 방법으로 플레인 도넛 반죽을 만들고 숙성한다.

2 비터를 끼운 스탠드믹서에 **1**의 믹싱볼을 넣고 차이파우더와 흑임자를 넣어 전체적으로 골고루 섞이도록 저속으로 30초간 섞는다. 믹싱볼을 믹서에서 분리한 뒤 덜 섞인 부분이 없는지 고무주걱으로 바닥을 뒤집어 확인한다. 덜 섞인 부분이 있다면 고무주걱 또는 믹서로 일정한 상태가 되도록 섞는다.

3 반죽을 짤주머니에 넣는다. 틀에 철판이형제(분량 외)를 뿌리고 반죽을 62g씩 짜 넣는다. 표면을 팔레트 나이프로 평평하게 정리한다.

4 110℃로 예열한 스팀 컨벡션 오븐(스팀 모드)에 넣고 15분간 익힌다. 다 익으면 식힘용 트레이 위에 틀을 뒤집어 도넛을 분리한다. 식힘용 트레이를 렉 선반에 꽂아 식히고 완전히 식으면 냉동 보관한다. 냉동 보관한 도넛은 실온에서 해동한 다음 마무리한다.

차이 초콜릿

1 화이트초콜릿은 전자레인지(200W)에서 1분간 돌린 후 고무주걱으로 섞고 다시 1분간 돌린 후 섞어주기를 반복하며 녹인다. 40~45℃가 되면 차이파우더를 넣고 핸드믹서나 고무주걱으로 섞는다.

마무리

1 도넛을 들고 틀에 닿았던 부분을 초콜릿에 담갔다 뺀 후 남은 초콜릿을 덜어낸다. 트레이에 놓고 초콜릿이 굳기 전에 윗면의 반만 코코넛칩을 올려 장식한다.

HOCUSPOCUS

Kinako Lavender

TOKYO
NAGATACHO

콩가루와 라벤더, 잣을 넣어 반죽하고 우유 젤리와 콩가루를 토핑했습니다. 화사한 라벤더 향과 고소한 콩가루가 의외로 궁합이 좋지요. 말랑한 우유 젤리가 둘 사이를 부드럽게 이어주고 잣의 진한 풍미가 조용히 존재감을 드러내며 맛을 꽉 채워준답니다.

콩가루 라벤더

INGREDIENTS

반죽

플레인 도넛 반죽(약 10개분)

- **A**
  - 강력분 … 87.5g
  - 박력분 … 37.5g
  - 베이킹파우더*[1] … 5g
  - 그래뉴당 … 120g
- 아몬드파우더 … 50g
- 달걀 … 150g
- 버터 … 150g

콩가루 … 10g

라벤더(건조)*[2] … 1g

잣*[3] … 14g

마무리(약 15개분)

- **B**
  - 우유 … 250g
  - 정수물 … 150g
  - 비정제 설탕 … 100g
- 아가*[4] … 40g
- 콩가루 … 적당량

*[1] 알루미늄 프리 제품.

*[2] 가루 분쇄기로 분말처럼 곱게 간다.

*[3] 160℃ 오븐에서 3~5분간 굽는다.

*[4] 해조류를 원료로 해서 겔 상태로 만든 것. - 옮긴이

반죽

1 크레이프 청크(p.102~104)와 같은 방법으로 플레인 도넛 반죽을 만들고 숙성한다.

2 비터를 끼운 스탠드믹서에 **1**의 믹싱볼을 넣고 콩가루와 라벤더, 잣을 순서대로 넣어 전체적으로 골고루 섞이도록 저속으로 30초간 섞는다. 믹싱볼을 믹서에서 분리한 뒤 덜 섞인 부분이 없도록 고무주걱으로 바닥을 골고루 뒤집어 섞는다.

3 반죽을 짤주머니에 넣는다. 틀에 철판이형제(분량 외)를 뿌리고 반죽을 62g씩 짜 넣는다. 표면을 팔레트 나이프로 평평하게 정리한다.

4 110℃로 예열한 스팀 컨벡션 오븐(스팀 모드)에 넣고 15분간 익힌다. 다 익으면 식힘용 트레이 위에 틀을 뒤집어 도넛을 분리한다. 식힘용 트레이를 렉 선반에 꽂아 식히고 완전히 식으면 냉동 보관한다. 냉동 보관한 도넛은 실온에서 해동한 다음 마무리한다.

마무리

1 우유 젤리를 만든다. 냄비에 재료 **B**를 넣고 중불로 가열한다. 작은 기포가 올라오면 불을 끄고 아가를 넣은 후 거품기로 골고루 섞는다.

2 불에서 내린 다음 체에 거르고(**a**), 고무주걱으로 저어가며 매끄러운 상태가 되었는지 확인한다(**b**).

3 **2**가 따뜻한 상태일 때 도넛을 들고 틀에 닿았던 부분을 담갔다 뺀다(**c**). 여분을 털어내고 트레이에 놓는다(**d**). 도넛에 전부 우유 젤리를 씌웠다면 다시 맨 처음 도넛부터 순서대로 다시 담갔다 뺀다. 이 과정을 한 번 더 반복해 도톰하게 씌운다(**e**).

4 콩가루를 차 거름망으로 **3** 위에 체 친다(**f**). 실온에 두고 우유 젤리를 굳힌다.

콩가루는 '고비키키나코'(미야코 제분소)를 사용. 일반적인 콩가루보다 진하게 볶아 맛이 구수하다.

HOCUSPOCUS 창업 일지

선물하는 사람의 마음을 형상화 한,
특별한 디자인과 맛 그리고 공간

도쿄 지하철 나카타역에서 걸어서 2분. 큰길 건너편은 일본 정치의 중심 지역이지만, HOCUSPOCUS는 오래된 고택이 늘어서 있는 마을 옆 오피스 거리의 한편에 자리 잡고 있다. 매장은 운치 있는 레트로 감성의 빌딩 1층에 있으며 천장이 높고 너른 공간으로 자연 채광이 한가득 쏟아진다. 회색의 모던하고 심플한 테이블 위에는 아름답게 디자인한 도넛 15~20가지가 가지런히 놓여 있다. 매장의 카페 공간 벽 한쪽을 꽉 채운 선반에는 다양한 관엽 식물이 가득하고 통유리로 된 창문을 통해 잉글리시 가든을 연상시키는 풀과 나무를 바라볼 수 있다. 평일에는 인근 직장인들이 찾아와 짧지만 밀도 있게 커피 타임을 즐긴다.

2017년 4월에 오픈한 HOCUSPOCUS는 개성 있는 건물을 전문으로 취급하는 부동산 코디네이터, 패션과 그래픽디자이너, 유럽 식재료 수입상, 로스팅 전문 커피숍 오너 등 다채로운 20인의 멤버가 모여 만들었다. 도넛 전문점을 차린 이유는 '선물하기 좋은 도넛'이라는 아이템이 아직 블루오션이라 판단했기 때문이다. 간편하게 들고 갈 수 있고, 커트러리 없이 먹을 수 있을뿐더러 주는 사람도 받는 사람도 부담이 없어 남녀노소 모두가 좋아하는 매력적인 디저트라 생각했다. 가게 이름인 HOCUSPOCUS는 영미권에서 유명한 마법 주문이다. 상대방을 위하는 마음으로 선물을 전할 때 마법의 힘이 깃든다는 의미를 담아 이름 지었다.

또한 나카타라는 지역의 특성을 살려 남성 혼자 방문해도 어색하지 않도록 중성적인 분위기로 꾸몄다. 예상대로 커피도 마시면서 겸사겸사 가족을 위해 도넛을 사 가는 직장인의 발길이 이어졌다. 선물하기 좋다는 입소문이 나자 기념품용 대량 주문, 기업의 증정품용 제작 주문 등 다양한 요청이 쏟아지기 시작했다. 이전에는 주말에 한가했지만 요즘에는 먼 곳에서 방문하는 고객들 덕분에 종일 만석인 날도 드물지 않다.

SHOP INFORMATION

도쿄도 치요다구 히라카와초 2-5-3
tel. 03-6261-6816
평일 11:00 ~ 18:00
주말, 공휴일 12:00~18:00
휴무일 없음
instagram@hocuspocus_donuts
hocuspocus.jp

점장 후지와라 야요이

1976년 오사카에서 태어나 히로시마현에서 자랐다. 복식전문학교 졸업 후 어패럴 회사에 입사, 12년간 근무하며 매니저로서 10개의 점포를 총괄했다. 퇴직 후 '로즈 베이커리'(도쿄·마루노우치)에서 구움 과자를, '쿠튬'(폐점)에서 커피를 배웠다. 2017년 'HOCUSPOCUS' 개점 반년 후 점장으로 입사, 식당이나 가게가 전무한 빌딩 숲 사이에 위치한 매장을 고객들로 문전성시를 이루는 가게로 육성했다.

직원 모두에게 부여된 주체성이 가게의 개성으로 피어나다

손님 응대에도 제조에도 매뉴얼이 없는 것이 HOCUSPOCUS의 특징으로 이는 점장 후지와라 야요이 씨의 방침이다. 커피를 내리는 일만 교육을 받은 직원이 담당하고 그 외의 준비, 접객, 판매, 포장 등은 정해진 담당자 없이 전원이 상황에 맞추어 필요한 일은 맡아서 한다. 직원 스스로가 일하는 곳을 편안하게 느끼고 자율적으로 행동하면 가게를 찾는 손님도 부담 없이 요청할 수 있는 아늑한 장소가 만들어지기 때문이다.

목표는 도넛계의 '토라야', 선물하는 사람의 마음까지 전달할 수 있는 가게를 꿈꾸다

'주는 기쁨'을 온전히 느낄 수 있도록 맛과 디자인 모두 HOCUSPOCUS만의 독창성을 담았다. 베이크 도넛과 스팀 도넛을 주로 만드는 이유도 주는 사람이 샀을 때와 받는 사람이 먹었을 때의 상태가 동일하게 유지되도록 제공하기 위해서다. 포장에도 공을 들였는데, 대리석 무늬 종이로 도넛 상자를 감싸 페이퍼 파스너로 고정하는 포장법은 아시아의 우수한 패키지 디자인을 선발하는 'Topward Asia'에 선정되었다.

폐점 시간에 와도 고르는 기쁨이 그대로, 급작스러운 대량 주문도 OK

HOCUSPOCUS에는 매일 15~20종류의 도넛이 쇼케이스에 진열된다. 개인 점포치고는 꽤 많은 메뉴 구성이라 할 수 있다. 유명한 가게는 폐점 시간에 가면 대부분 품절되어 몇 가지 안 남아 있는 경우가 많은데 이곳에서는 고르는 기쁨을 느낄 수 있도록 문 닫기 전까지 최소 베스트 상품 6가지 +α를 반드시 진열한다. 또한 50~100개 정도의 급한 대량 주문도 문제없다. 이 모든 것이 가능하도록 도넛을 구운 다음 급속 냉동해 저장해둔다. 도넛의 품질 유지를 위해 고성능 급속 냉각기를 사용하고 냉동 보관 시 각각의 냄새가 배어 들지 않도록 보관 위치를 고려한다. 실온에서 해동 후 마무리 장식을 마치면 갓 구웠을 때와 같은 상태로 고객에게 제공할 수 있다.

취재 당일 라인업(총 16종)

베이크 도넛 6종
- 크레이프 청크 390엔
- 건포도 500엔
- 폴렌타 450엔
- 라임 450엔
- 바나나칩 430엔
- 베이크 피스타치오 580엔

스팀 도넛 10종
- 민트 530엔
- 녹차 550엔
- 차이 550엔
- 딸기 550엔
- 오렌지 500엔
- 살구 550엔
- 피스타치오 580엔
- 프랑부아즈 550엔
- 블루베리 580엔
- 그레이프프루트 530엔

I'm donut?의 반죽과 도넛 베리에이션

I'm donut?

DONUT SHOP

TOKYO
SHIBUYA

I'm donut?의 모든 도넛 반죽

브리오슈 반죽·플레인

브리오슈 반죽·초콜릿

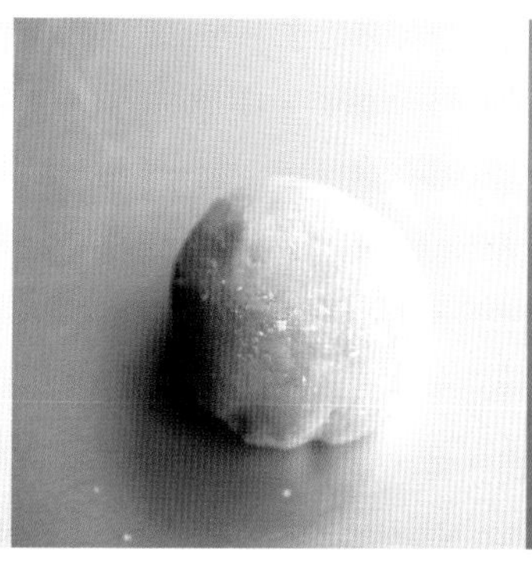

달걀 브리오슈 반죽

프랑스 반죽

2022년 3월 나카메구로에 1호점을 오픈했다. '생도넛'이라 이름 붙인 식감이 촉촉하고 독특한 도넛은 새롭다는 호평을 얻었고, 그 후 연일 행렬이 끊이지 않는 인기 매장으로 자리매김했다. 나카메구로점은 항상 8종(그중 1~2개는 계절상품) 정도를 판매하는 스탠드 형식의 소형점포지만, 2개월 뒤 개점한 시부야점은 세 평이 넘는 매장에 50~60가지의 도넛이 즐비한 베이커리형 가게다. 운영자는 후쿠오카와 오모테산도의 유명베이커리 '아마무다코탄'의 오너 히라코 료타 셰프. 매장에는 맛과 식감이 다양한 먹음직스러운 도넛이 가득해 무엇을 살지 고민하는 시간 또한 즐거움 중 하나라고 할 수 있다. 인상적인 디자인과 풍미, 다채로운 메뉴에 매료되어 재방문하는 고객도 많아 방문객은 나날이 늘어만 간다. 베이커리가 오픈한 도넛 전문점답게 도넛용 반죽은 총 11가지에 이른다. 'I'm donut?'의 반죽은 계속 진화해 나가고 있지만 이 책에는 취재 시점(2024년 4월)에 판매된 기본 반죽과 그 반죽을 응용해 만든 도넛 일부를 소개한다.

과자 반죽·플레인

과자 반죽·초콜릿

과자 반죽·말차

스펠트밀 반죽

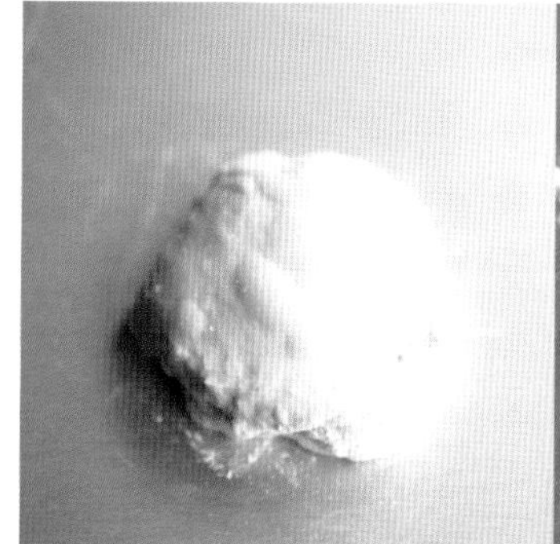

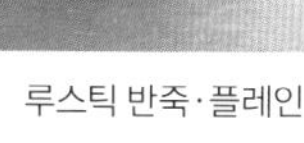

루스틱 반죽·플레인

루스틱 반죽·흑임자

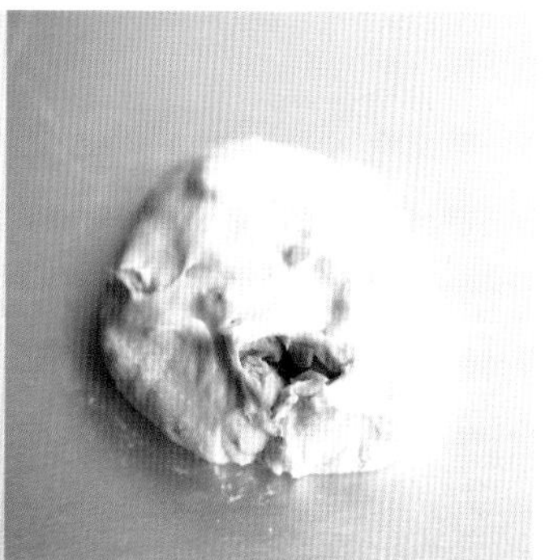

루스틱 반죽·올리브

브리오슈 반죽 → 9가지 도넛으로!

플레인

초콜릿

'I'm donut?'의 시그니처 아이템에 사용하는 반죽으로 바탕이 된 것은 '아마무다코탄'에서 판매하는 이탈리아 크림빵 마리토쪼의 브리오슈 반죽이다. 일반적으로 브리오슈는 설탕과 버터가 듬뿍 들어가 만들어진 고소한 맛과, 달걀흰자가 만들어내는 부드럽고 가벼운 식감이 특징이다. 그러나 '아마무다코탄'에서는 구운 호박을 연결 재료로 넣고, 베이커스퍼센트 100%가 넘는 고가수로 반죽해, 촉촉하고 부드러워 입안에서 스르르 부서지는 식감이 독특한 브리오슈를 만들었다. 셰프인 히라코 씨가 이 반죽의 장점을 한 층 끌어올려 새롭게 만든 것이 가게 이름을 붙인 원조 생도넛 'I'm donut?'이다.

빵은 오븐에서 건조하면서 굽지만 도넛은 기름에 튀겨 익힌다. 'I'm donut?'은 그 차이점에 주목했다. 튀겼을 때 맛이 극대화할 수 있는 배합과 제법을 찾기 위해 다양하게 테스트했다. 예를 들어, 튀기는 동안 유분이 더해지는 것을 예상해 반죽 속의 유지량을 줄였다. 익히는 동안 건조되지 않으니 반죽의 수분량을 90% 정도로 낮추었다. 우유의 비율을 수분량보다 높여 더 진하고 부드러운 맛이 나도록 세밀하게 조절했다. 도넛의 맛을 좌우하는 중요한 요소 중 하나인 식감을 개선하기 위해 믹싱 속도와 시간, 반죽 온도를 재설정했다. 촉촉하면서 부드럽게 부풀어 올라 볼륨감이 꺼지지 않는 도넛이 완성될 때까지 시행착오를 거듭했다.

식감을 살리는 가장 중요한 포인트는 고가수 반죽을 200℃가 넘는 고온에서 한 번에 튀기는 것이다. 높은 온도에서 튀기면 단번에 기포가 일어나 보형성이 나빠지기 쉽지만 이를 방지하기 위해 믹싱 방법 등을 조절하고 있다.

반죽의 맛은 플레인과 초콜릿 두 가지다. 반죽 고유의 풍미를 그대로 즐길 수 있는 'I'm donut?'과 'I'm donut? 초콜릿' 그리고 속에 크림을 한가득 채운 크림 도넛으로도 응용한다. 오른쪽에 소개하는 메뉴 이외에도 오레가노 향의 오리지널 소시지를 끼운 '소시지', 크림 도넛인 '커스터드', '피스타치오 크림', '프랑부아즈'와 기간 한정 플레이버 크림 도넛이 있다.

I'm donut?

호박을 넣은 고가수 반죽을 고온에서 짧은 시간 동안 튀겨 깔끔하고 식감이 좋은 도넛. 원조 '생도넛'이다. 마지막에 묻히는 설탕은 비정제 설탕과 슈거파우더를 섞어 만든 것으로 깊이 있는 달콤함을 선사한다.

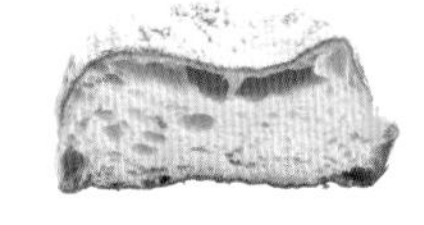

I'm donut? 초콜릿

'I'm donut?'의 브리오슈 반죽에 카카오파우더를 더해 만든다. 마지막에 묻히는 카카오슈거는 기본 카카오에 상큼한 산미가 있는 레드카카오를 섞어 진한 풍미를 연출한다.

생프렌치크룰러

촉촉하고 쫄깃한 식감의 프렌치 크룰러. 씹는 맛이 좋은 도넛으로 브리오슈 반죽을 링 모양으로 성형한 다음 4군데 칼집을 넣어 튀긴다.

딸기 크림

'I'm donut?' 안에 커스터드 크림과 휘핑한 생크림을 섞어 만든 디플로마 크림을 가득 채우고 도넛의 안과 위에 향 좋은 딸기를 더한다.

and more!

과자 반죽 → 14가지 도넛으로!

플레인

초콜릿

말차

요거트 또는 꿀을 섞어 부드럽고 은은한 풍미가 살아 있는 담박한 반죽을 만들었다. 다른 도넛보다 반죽에 약간 더 단맛을 가미해 달콤한 필링과 잘 어울린다. 그러나 과자 반죽이란 이름에서 연상되는 것처럼 버터와 달걀이 듬뿍 들어간 달고 진한 맛은 아니다.

이 반죽은 가장 많은 도넛으로 응용되는데, 오른쪽에 소개된 메뉴 이외에도 레몬 글레이즈를 뿌리고 레몬 제스트를 올린 링 도넛 '레몬', 초콜릿 반죽에 초콜릿 글레이즈를 씌운 '글레이즈 초코', 농후한 맛의 피스타치오 글레이즈를 입히고 피스타치오를 뿌린 '피스타치오', 타히티산 바닐라빈을 듬뿍 넣은 화이트초콜릿을 씌우고 표면을 그을려 고소한 맛을 낸 '구운 바닐라 초콜릿', 메이플 시럽 글레이즈를 입히고 프로슈토를 넉넉히 올린 '메이플 프로슈토', 베녜 모양으로 튀긴 초콜릿 반죽 속에 수제 팥소를 가득 채운 '초콜릿 앙금', 말차 반죽에 팥소를 채우고 콩가루 슈거를 담뿍 묻힌 '말차 앙금 콩가루', 초콜릿 반죽을 튀긴 다음 캐러멜 초콜릿을 씌우고 캐러멜리제한 너트를 골고루 뿌린 '바삭바삭 너트'가 있다.

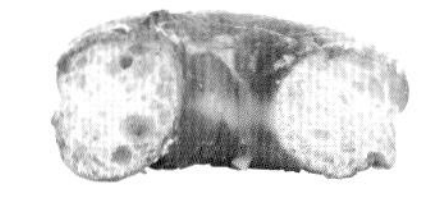

글레이즈도

플레인 반죽을 링 모양으로 성형. 얇게 씌운 슈거 글레이즈의 바삭바삭한 식감이 쫄깃한 반죽과 잘 어우러진다.

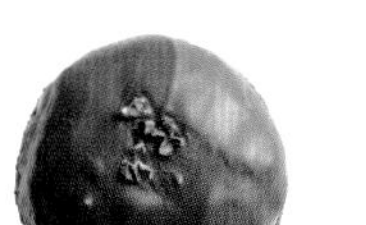

카카오

초콜릿 반죽을 튀긴 후 초콜릿을 씌운 초콜릿 마니아를 위한 일품. 위에 올린 카카오닙스가 식감에 재미를 더한다.

코코넛

플레인 반죽 안에 코코넛슈레드 필링을 듬뿍. 달큼 상큼한 트로피컬 향과 아삭한 식감이 인상적이다.

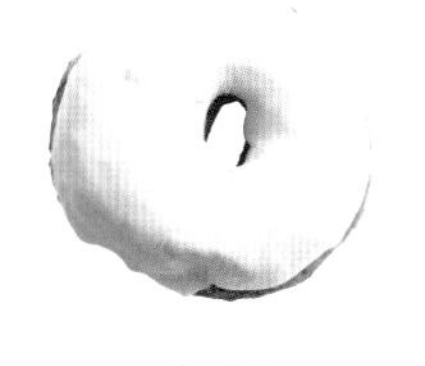
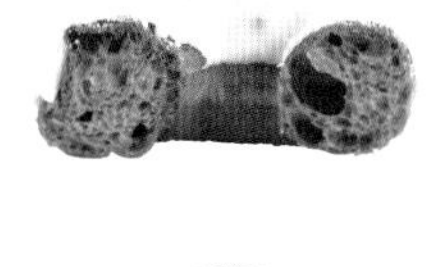

말차 화이트초코

진한 말차향 반죽을 링 모양으로 만들어 튀기고 화이트초콜릿을 듬뿍 씌운다. 쌉싸래한 말차와 달콤한 화이트초콜릿의 조합이 매력적이다.

트러플

반죽은 플레인을 사용. 트러플향이 진하게 배어든 슈거 글레이즈를 뿌리고 숯소금(숯가루를 블렌딩한 소금)을 토핑으로 뿌린다.

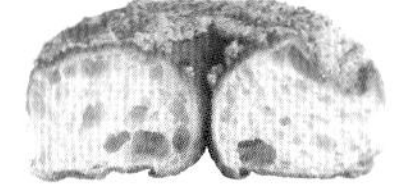

명란 도넛

튀긴 플레인 반죽에 수제 명란 버터를 바르고 표면을 살짝 그을려 구수하게 마무리했다. 명란 바게트를 도넛으로 응용한 제품이다.

안초비 치즈

플레인 반죽. 체다와 고다 2종류의 치즈와 수제 베샤멜소스를 더하고 짭짤한 감칠맛이 살아 있는 안초비를 올린 다음 그을린다.

and more!

달걀 브리오슈 반죽 →
4가지 도넛으로!

이름에 브리오슈가 들어가 있긴 하지만, 'I'm donut?'용 브리오슈 반죽과는 전혀 다른 달걀이 많이 들어간 리치한 반죽이다. 반죽에 달걀을 넣으면 식감은 좋아지지만 푸석해지기 쉽다. 그래서 촉촉하게 만들기 위해 다양한 제법을 활용해 보수성을 높인 레시피를 개발했다. 오른쪽에 소개된 메뉴 이외에도 베녜 모양으로 튀긴 반죽 속에 달걀 도넛 필링과 수제 명란 버터를 섞어 든든히 채운 '명란 달걀'이 있다.

and more!

달걀

부드러운 스크램블을 마요네즈에 버무려 만든 농후한 필링이 한가득. 달걀로 꽉 채운 도넛.

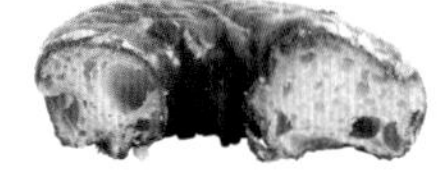

프렌치크룰러

달걀 브리오슈 반죽을 링 모양으로 성형해서 튀기면 식감이 찰지고 폭신폭신해진다.

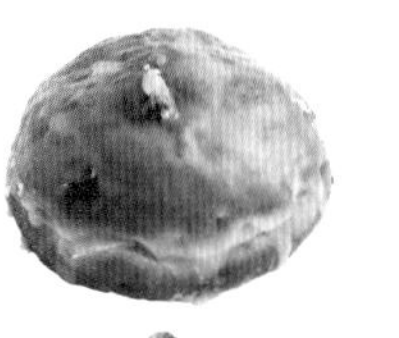

프루트

크랜베리, 망고, 파인애플 등의 건조 과일을 화이트 와인에 절여 반죽에 넣었다. 상큼하고 신선한 과일이 연상되는 식감과 건조 과일에 응축된 풍미를 느낄 수 있다.

루스틱 반죽 →
6가지 도넛으로!

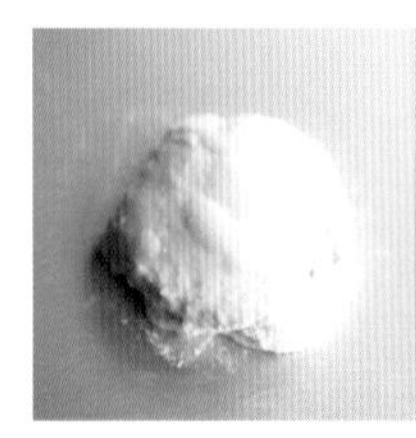

플레인

흑임자

올리브

홋카이도산 밀가루 '기타노카오리' 100%로 만든 반죽. 기타노카오리는 쫄깃쫄깃한 탄력감과 밀 특유의 구수한 풍미가 살아 있는 품종이다. 이러한 특징을 최대한 살리기 위해 밀가루, 소금, 물, 이스트만으로 심플하게 루스틱 반죽을 만들었다. 일본인이 좋아하는 찰진 식감이라 씹는 맛이 좋다. 달콤한 필링을 비롯해 식사용 도넛으로도 활용할 수 있는 담백한 맛이 매력이다. 반죽은 플레인 이외에 흑임자 페이스트와 흑임자를 넣어 깊은 맛을 낸 쫄깃한 흑임자 반죽, 잘게 썬 그린 올리브를 더한 올리브 반죽이 있다. 오른쪽에 소개하는 메뉴 이외에도 검은깨 반죽을 '기타노카오리'와 같은 방법으로 튀겨 비정제 설탕을 입힌 '검은깨', '기타노카오리'에 앙금과 연유 크림을 샌드한 '앙금 연유', 올리브 반죽을 '기타노카오리'처럼 튀겨 생햄을 듬뿍 끼운 '올리브'가 있다.

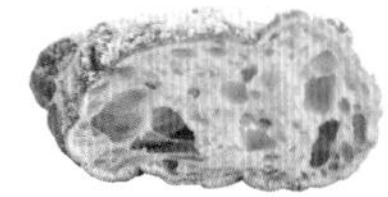

기타노카오리

밀가루의 풍미를 느낄 수 있는 반죽. 껍질 안쪽에 크고 작은 기포가 불규칙하게 생기면서 유니크한 모양으로 완성된다.

앙금 피스타치오

검은깨의 식감, 수제 앙금의 은은한 단맛, 연유 버터에 넣은 피스타치오의 진한 풍미가 절묘하게 균형을 이룬다.

프랑스 반죽 → 5가지 도넛으로!

프랑스빵에 사용하는 심플한 반죽을 사용한다. 수분함량이 높아 식감이 쫄깃한 것이 특징이다. 프랑스빵용 반죽이라 식사용 도넛으로 만들어도 잘 어울린다. '아마무다코탄'에서 판매하는 식사용 베이커리와 메뉴 구성이 비슷하며 속 재료를 듬뿍 채워 든든하고 만족감이 높다. 오른쪽에 소개하는 메뉴 이외에도 수제 베샤멜소스와 명란 버터를 넣어 오븐에 구운 '명란 그라탱', 삶은 달걀과 안초비, 구운 양배추를 넉넉히 채운 도넛 샌드위치 '안초비 삶은 달걀'이 있다.

I'm buger?

오레가노 향의 살사치아, 토마토, 적양배추 마리네이드 등으로 꽉 채운 도넛 버거.

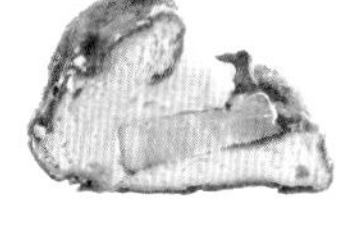

진짜 아메리칸

글레이즈를 씌운 도넛에 두툼한 베이컨과 특제 치즈 소스를 끼운 단짠단짠 맛의 아메리칸.

B.E.T

통 베이컨과 케일, 토마토, 달걀 프라이를 넣어 만든 B.E.T 샌드위치.

and more!

스펠트밀 반죽 → 3가지 도넛으로!

고대 밀 품종 중 하나인 스펠트밀은 밀가루 알레르기가 있는 사람도 안심하고 먹을 수 있어 미국과 유럽에서 빵을 만들 때 많이 사용한다. I'm donut?에서는 유기농 도넛을 원하는 목소리에 응답해 미국산 유기농 스펠트밀을 사용해 반죽을 만들기 시작했다. 스펠트밀은 일반 밀가루보다 수분 흡수량이 많기 때문에 가수율과 반죽법 등을 조절해 식감의 균형을 맞추는 것이 어려웠다. 오른쪽에 소개하는 메뉴 이외에도 스펠트밀 반죽을 베녜 모양으로 튀긴 다음 화이트초콜릿을 씌우고 토핑으로 크랜베리를 올린 '스펠트 화이트'가 있다.

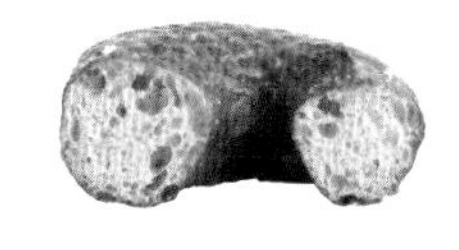

스펠트밀

고소하면서도 풍미가 독특한 스펠트밀의 맛을 온전히 맛볼 수 있는 도넛. 슈거 글레이즈를 씌웠다.

스펠트 초코

베녜 모양으로 튀긴 다음 초콜릿을 씌웠다. 초콜릿과 스펠트밀이 만들어내는 조화로운 맛을 경험할 수 있다.

서스테나 → 3가지 도넛으로!

모든 베이커리에서 발생하는 남는 반죽과 손으로 만들기에 어쩔 수 없이 나오는 형태가 고르지 않은 제품을 가공해 재생산한다. 히라코 씨가 지속 가능성을 뜻하는 영단어 sustainability의 의미를 담아 '서스테나 브레드' = '재생 빵'이라 이름 붙인 반죽이다. I'm donut?에서도 이러한 정신을 이어받았다. 가게명을 붙인 브리오슈 반죽으로 만든 도넛은 인기 No.1 상품으로 생산량이 많기 때문에 자연히 형태가 불완전해 매장에 진열할 수 없는 도넛도 많이 생긴다. 이런 도넛에 새로운 부가가치를 더해 다시 태어나게 한 것이 서스테나라는 품목이다. 소개하는 제품 이외에도 수제 허니 버터를 듬뿍 발라 오븐에서 구운 '허니 도넛'이 있다.

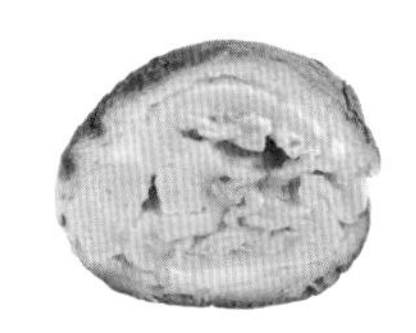

오믈렛

'I'm donut?'에 칼집을 넣고 큼직한 오믈렛을 끼운 후 반으로 자른다. 노란빛의 단면이 시선을 사로잡는다.

도넛 아망 군고구마

진득하게 구운 고구마를 도톰하게 썰어 'I'm donut?'에 끼운 다음 그래뉴당을 뿌리고 표면을 캐러멜리제한다.

I'm donut? 히라코 셰프의 상품개발

나카메구로점을 열 때 시부야점의 개점도 계획되어 있었기에 브랜드 오픈 전에 도넛을 80여 종 개발했다. 상품 개발 아이디어는 생각이 떠올랐을 때 바로 핸드폰에 메모해 둔다. 이 반죽으로 응용 제품을 얼마나 만들어 볼까라고 생각하기보다는 '이 재료를 넣는다면(또는 이 재료와의 조합에는) 어떤 반죽이 가장 어울릴까'처럼 반죽과 재료의 조합을 머릿속으로 그려보고 맞추어 가며 구상해 나간다. 커리어의 첫 시작이 요리사였기 때문에 이와 같은 방법으로 메뉴를 개발하게 되었다. 재료 구입처에서 보는 제철 생선, 채소, 과일 등을 머릿속에서 먼저 요리해 보고 가게로 돌아와 손으로 구현해 낸다. 베이커리에서도 이것과 동일한 방법으로 메뉴를 개발하고 레시피를 완성했다. 만들고 싶은 도넛이 끊임없이 머릿속에 떠오르기 때문에 메뉴를 개발하는 것보다 가짓수를 좁히는 것이 더 힘들 때도 있었다.

오너 히라코 료타

1983년 나가사키현 출생. 이탈리아 레스토랑에서 경험을 쌓아 2012년 '파스타식당 히라콘쉐'(현재 폐점)를 오픈했다. 2018년 자신의 첫 베이커리 매장인 '아마무다코탄'(후쿠오카·록폰마츠)을 열고 그 후 2022년 도넛 전문점 'I'm donut?', 2023년에는 아마무다코탄의 세컨 브랜드 '다코'를 개점했다. 현재 후쿠오카와 도쿄에 매장을 10개 운영 중이다.

SHOP INFORMATION

도쿄도 시부야구 시부야 2-9-1
instagram@i.m.donut

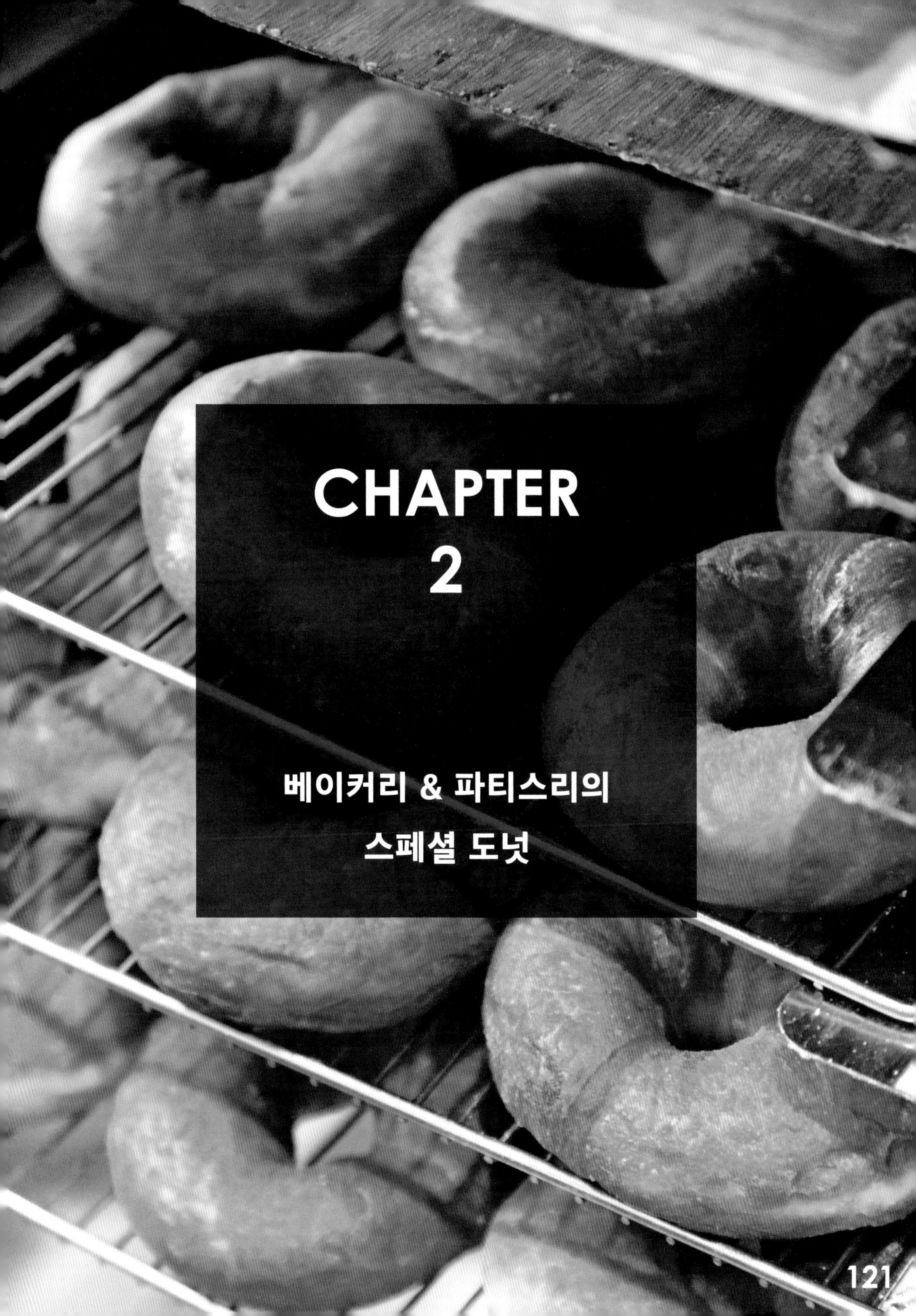

CHAPTER 2

베이커리 & 파티스리의 스페셜 도넛

베이커리에서 배우는
이스트 도넛 만드는 법

KISO의 LAND 도넛

베이커리 'KISO'를 개업한 제빵 장인 가토 셰프는 최근 인기몰이 중인 '생도넛'을 시작으로 다양한 도넛 개발에 참여해 왔다. 현재 매장에서 판매하는 도넛은 'LAND' 한 가지로 오래도록 사랑받아온 스테디셀러다. 지금부터 'KISO'만의 특별한 도넛 레시피와 만드는 법을 자세히 배워보자.

KISO에서 제일 처음 판매한 도넛은 버터를 듬뿍 넣고 수분 함량을 높인 브리오슈 반죽으로 만든 '생도넛'이다. 입에 넣으면 스르르 녹아내리는 독특한 식감의 도넛을 가장 맛있을 때 맛 볼 수 있도록 주문이 들어오면 바로 튀겨 매장 전용 상품으로 판매했다.

그러나 테이크아웃을 원하는 고객의 요청이 점점 늘어났고 더 많은 사람에게 도넛의 맛을 알리고 싶다는 생각 끝에 탄생한 것이 'LAND 도넛'이다. 'LAND'는 동년배인 점주가 2015년부터 2023년까지 교토에서 운영했던 인기 베이커리의 이름으로, 레시피는 'KISO' 오리지널이지만 100g에 가까운 큼직한 사이즈는 이곳의 도넛에서 영감을 받아 답습했다.

집에 가져가서 먹어도 맛있는 도넛을 만들기 위해 처음부터 하나하나 레시피를 개발했다.

브리오슈 반죽처럼 유지가 많이 들어간 반죽은 쉽게 기름지고 먹고 난 후에도 느끼함이 남을 수 있기 때문에 버터양을 20% 정도로 약간 줄였다. 믹싱할 때 글루텐을 제대로 만들면 반죽 내부로 기름이 스며드는 것이 방지되어 튀겼을 때 기름을 적게 먹는다.

또한 밀가루에 5배 분량의 물을 섞어 탕겔이라는 밀가루 풀을 만든 다음, 반죽에 섞어 촉촉한 식감을 살리고 보형성을 높였다. 그 결과 튀기면 폭신하게 부풀어 오르고 베어 물었을 땐 마시멜로처럼 쫄깃했다가 입안에 들어가는 순간 부드럽게 녹아내리는… 찰지고 부드러운 도넛이 완성되었다.

마지막은 그래뉴당을 묻혀 마무리한다. 비정제 설탕도 테스트해 봤지만 반죽 자체의 맛에 집중할 수 있도록 도넛의 맛과 풍미에 영향을 주지 않고 단맛만 가미할 수 있는 그래뉴당을 선택했다. 그 후 도넛 반죽으로 식빵도 만들었다. 그전까지는 맛이 담백한 식빵 한 종류만 있었는데, 손님들이 좀 더 가볍게 즐길 수 있는 식빵이 있었으면 좋겠다고 요청해, 식빵으로 응용해 보았다. 적당한 탄력과 부드러운 식감, 달콤하면서도 크리미한 풍미 덕분에 식빵 또한 어른, 아이 모두에게 사랑받고 있다.

오너 셰프 가토 코헤이

1988년 아이치현 출생. 대학 시절부터 빵을 만들기 시작했다. 졸업 후 'Four de-h' (현·오사카 Paris-h), 'The city bakery', '팽스톡'(후쿠오카) 등에서 근무했다. 2021년 9월 'KISO'를 오픈하고 같은 제빵사인 아내 미호 씨와 함께 운영하고 있다.

맛의 포인트

밀가루에 5배의 물을 넣고 가열해 만든 '탕겔'을 사용

반죽에 '탕겔'을 사용해 탄력과 식감 두 마리 토끼를 모두 잡은 반죽을 만들었다. 씹는 순간 쫄깃하고 입안에서 부드럽게 녹아내리는 마시멜로 같은 식감을 즐길 수 있다.

먹음직스럽게 부풀어 오른 큼직한 링 도넛

베이커리의 도넛답게 소담한 링 도넛. 100g에 달하는 푸짐한 사이즈이지만 표면에 달콤한 그래뉴당을 듬뿍 입혀 무겁지 않게 균형을 잡았다.

현미유로 튀겨 깔끔한 맛

튀김유는 향이 좋고 특유의 잡내가 없는 현미유를 사용해 200℃에서 3분간 튀긴다. 현미유는 바싹 튀겨지고 시간이 지나도 느끼해지지 않는다.

SHOP INFORMATION

KISO
아이치현 나고야시 쇼와구 히로미초
1-7 사쿠라야마 SUITE1F
8:00-17:00
(매주 목요일은 카페의 날(eat in) 10:00-17:00)
tel. 052-890-8510
화·수요일 정기 휴무
instagram@kiso_nagoya

KISO의

LAND 도넛

DAY1

탕겔 만들기
67℃까지 가열→5℃·하룻밤

DAY2

믹싱
스파이럴믹서 /
밀가루·소금·버터를 미리 섞어둠 /
이스트, 냉수, 탕겔 투입→
저속 10분→중속 10분 /
중속으로 바꾼 후, 바시나주(우유&물)
3~4회 /
반죽 완성 온도 18℃

플로어 타임
실온(약 25℃)·30분

펀치
2회(펀치→30분→펀치)

1차 발효
실온(약 25℃)·1시간

냉장 발효
5℃·하룻밤

DAY3

분할·둥글리기 100g

성형① 바게트 모양

벤치 타임 실온(약 25℃)·30분

성형② 링 모양

최종 발효
주방 내 따뜻한 장소(약 30℃)·1시간

튀기기
현미유(180~200℃)
위아래를 뒤집어가며 3분

식히기
실온(약 25℃)·30분 이상

마무리 그래뉴당 묻히기

INGREDIENTS (약 반죽 5kg) 반죽 총중량 1만 3540g

* '강력분(유메아카리)'만을 100으로 잡고 베이커스퍼센트를 산출
강력분('아이치현산 유메아카리' 니시오제분) … 5kg / 100%
소금(베트남산 천일염 '강호아의 소금') … 100g / 2%
비정제 설탕 … 900g / 18%
무염 버터 … 1kg / 20%
인스턴트 드라이이스트(사프·골드) … 40g / 0.8%
이스트 예비발효용 미지근한 물(40℃) … 250g / 5%
얼음물*[1] … 1,750g / 35%
탕겔*[2](아래에서) … 3kg / 60%
　강력분('아이치현산 니시노카오리 T60' 평화제분) … 900g
　뜨거운 물(80℃) … 4.5kg
바시나주용 우유 … 1kg / 20%
바시나주용 물 … 500g / 10%
튀김유(현미유) … 적당량
그래뉴당 … 적당량

*[1] 얼음의 양은 총량에서 200g 미만. 기온에 따라 조금씩 조절한다.
*[2] 탕겔 만드는 법→ 볼에 강력분과 뜨거운 물을 넣고 거품기로 골고루 섞는다. 냄비에 넣고 바닥에 반죽이 들러붙지 않도록 중간중간 저어가며 67℃가 될 때까지 가열한다. 밀폐용기에 넣고 잔열이 식으면 냉장고(5℃)에서 하룻밤 보관한다.

바시나주란?
믹싱 후반부에 반죽이 한 덩어리가 되면 수분을 조금씩 투입하는 것. 반죽의 수분율을 올리고 싶을 때 효과적인 방법이다.

DAY 1 탕종

볼에 인스턴트 드라이이스트와 미지근한 물을 넣고 골고루 섞는다. 그대로 실온(20℃)에 둔다. 사진처럼 기포가 생기면 준비가 된 것이다.

강력분, 소금, 설탕, 무염 버터를 믹싱볼에 넣고 저속에서 버터 덩어리가 사라질 때까지 섞는다. **1**과 얼음물, 탕겔을 한 번에 넣는다.

저속으로 10분, 중속으로 10분간 믹싱한다. 중속의 후반부에 믹싱하면서 바시나주용 우유와 물을 3~4회 나누어 넣는다. 우유를 반죽 후반에 넣으면 부드러운 풍미가 돋보인다. 또한 반죽이 흐물거리지 않도록 반죽 온도가 18℃ 이하로 내려가지 않게 기온에 따라 얼음물의 양을 조절한다. 사진은 바시나주 직전의 반죽.

반죽 완성 온도는 18℃다. 반죽을 1/2씩 반죽 보관함에 넣고 실온에 30분간 둔다.

펀치

반죽의 가로 길이를 3등분해 왼쪽에서 안으로, 오른쪽에서 안으로 3절로 접는다. 반죽을 90° 돌리고 다시 같은 방법으로 3절로 접는다. 반죽 앞쪽을 늘리듯이 들어 올려 반대쪽으로 겹쳐 접고, 이를 2회 반복해 표면을 펼친다. 여기까지 하면 펀치 1회가 끝난다. 30분 후 같은 방법으로 펀치한다. 반죽의 강도를 보고 접는 횟수를 조절한다.

1차 발효

사진은 펀치 2회가 끝난 상태다. 반죽 보관함에 넣고 실온에서 1시간 정도 1차 발효한다. 그때그때 작업하는 반죽의 양과 기온이 다르므로 상태를 확인해 가며 시간을 조절한다.

냉장 발효

1차 발효 후 5℃의 냉장고에 넣고 하룻밤 둔다. 표면에 덧가루를 뿌리고 반죽 보관함을 뒤집어 작업대 위로 반죽을 꺼낸다.

분할·둥글리기·성형①

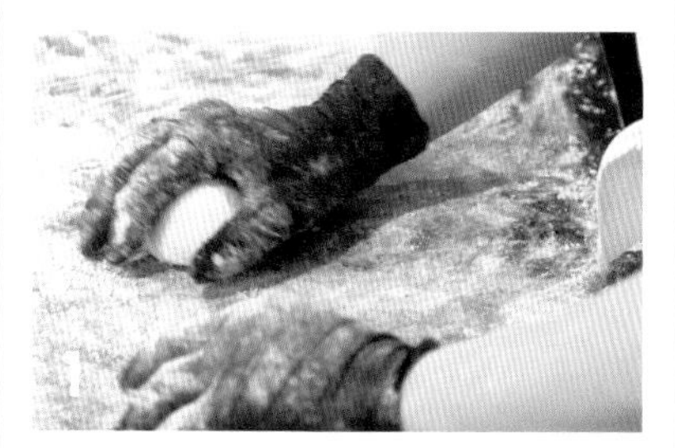

반죽의 탄력이 일정해지도록 왼쪽에서 안으로, 오른쪽에서 안으로 3절로 접는다. 100g씩 분할하고 표면이 매끄러워지도록 둥글리기한다.

반죽의 이음매가 위로 가게 놓고 가늘고 긴 막대 모양으로 만든 후 손바닥으로 눌러가며 가로로 긴 타원 모양으로 펴준다. 바게트 성형 방법처럼 앞에서 1/3을 접고 안쪽에서 1/3을 접은 후 중앙이 접히게 다시 안쪽에서 앞으로 접는다. 사진처럼 이음매를 손바닥 밑 부분으로 누른다.

벤치 타임

반죽 보관함에 이음매가 밑으로 가도록 가지런히 놓고 실온에 30분간 둔다. 사진은 벤치 타임 후.

성형②

작업대 위에 반죽을 이음매가 위로 가게 놓고 손바닥으로 가볍게 눌러 평평하게 만든다. 앞에서 1/3을 접고 안쪽에서 1/3을 접는다.

한쪽 끝을 납작해지도록 손으로 누르고 납작해진 부분이 반대쪽 반죽을 감싸안듯이 이어 붙여 링 모양을 만든다. 오븐팬 위에 베이킹시트를 깔고 철판이형제(분량외)를 뿌린다. 그 위에 도넛을 나란히 올린다.

최종 발효

오븐 위같이 따뜻한 장소에 두고 1시간 정도 발효시킨다. 사진은 발효 후.

튀기기

튀김 냄비에 현미유를 넣고 180~200℃가 되도록 가열한 다음 도넛 반죽을 넣고 튀긴다. 중간중간 위아래를 뒤집어가며 약 3분간 노릇노릇해질 때까지 튀긴다. 식힘망에 올려 식힌다.

그래뉴당을 묻힌다.

베이커리에서 배우는

케이크 도넛과 크루아상 도넛 만드는 법

Boulangerie Django의 애플사이다 도넛과 데니쉬 도넛

베이커리의 케이크 도넛 하면 제일 먼저 떠오르는 것이 블랑제리 장고의 애플사이다 도넛이라 해도 과언이 아니다. 2024년 4월에는 레몬의 상큼한 향이 돋보이는 데니쉬 도넛을 선보이며 더욱 유명해졌다. 지금부터 이곳을 대표하는 스페셜 도넛 2가지의 공법을 자세히 알아보자.

사과의 최대 생산지인 미국 동해안 농가의 소박한 간식에서 아이디어를 얻은 애플사이다 도넛은 착즙 사과주스를 넣어 만든다. 수년 전, 아메리카 다이너를 테마로 기획된 이벤트용 디저트를 의뢰받고 현지의 상품을 여러 가지 받아 먹어 봤는데, 그때 100% 사과주스를 넣으면 무엇을 만들어도 맛있겠다는 생각이 들었다. 그래서 겉은 바삭하고 속은 촉촉한 케이크 도넛을 만들기로 결심했다. 이벤트용 한정 상품으로 판매할 계획이었으나 워낙 호평이 자자해 지금까지 사랑받는 베스트 상품이 되었다.

처음에는 사과를 퓌레로 만들어 사용했지만 사계절 내내 판매하게 되면서 수제 사과잼과 사과주스를 동량으로 섞어 만드는 레시피로 변경했다. 사과 껍질도 넣어 미국 특유의 소탈함이 느껴지는 맛으로 완성했다. 원래 지역 농산물로 만든 소박한 간식에서 출발한 디저트였기에 지금은 국산 사과와 우리 고장에서 재배한 밀가루로 만들고 있다. 미국식 레시피는 버터밀크(우유에서 버터를 만들고 남은 유청 성분)를 사용하는 경우가 많지만 일본에서는 구하기 힘든 재료라 비슷한 맛을 낼 수 있는 탈지분유를 넣어 레시피를 개발했다.

데니쉬 도넛은 크루아상처럼 버터를 접어 넣는 방식으로 만든다. 튀기는 도넛이기에 수분량은 늘리고 접어 넣는 버터의 양은 줄였더니 크루아상보다는 부드럽고 일반 도넛보다는 단단한 반죽이 되었다.

버터를 접어 만드는 반죽은 동그랗게 찍어내 튀기면 층이 떨어져 나가기 쉽다. 그렇다고 두껍게 만들면 바삭하고 가벼운 식감이 살지 않는다. 이를 방지하기 위해 고안한 방법이 곤약 모양내기를 참고한 성형법이다. 중앙에 넣은 칼집에 세 개의 모서리를 통과시키면 발효할 때나 튀길 때 벌어지는 반죽을 서로 눌러주어 층이 흩어지지 않는다.

또한 버터를 접어 넣은 반죽은 성형 전 한 번 얼린 뒤 냉장고에서 해동한 후 성형한다. 수분이 많고 부드러워 반죽 전체를 똑같이 단단하게 만들기가 어렵기 때문이다. 언뜻 보기에 번거롭고 시간이 오래 걸리는 일 같지만 작업성이 개선되고 반죽의 상태도 안정된다. 납작한 상태 그대로 냉동 보관하면 보관 장소도 많이 차지하지 않는다.

두 가지 도넛 모두 성형 후 냉동 보관이 가능하다. 블랑제리 장고에서는 한 번에 다량 반죽해 냉동하고 판매 상황을 보면서 추가로 튀겨서 내보낸다. 도넛 전문점에서도 운영 전반에 영향을 주지 않으면서 메뉴의 종류를 늘릴 수 있기에 추천하는 레시피다.

오너 셰프 가와모토 소이치로

1973년 도쿄도 출생. 26살에 제빵사의 길로 들어섰다. 치바와 도쿄의 베이커리에서 경험을 쌓은 후 2010년 제빵사인 아내 나츠코 씨와 함께 도쿄 에고타에 '블랑제리 장고'를 개업했다. 2019년에 현재 위치로 이전.

맛의 포인트

원조를 따라 국내산 사과와 우리 고장 밀가루를

사과는 아키타현 농가의 홍옥을 사용하며 홍옥이 없을 땐 그 시기에 가장 맛있는 사과를 이용한다. 크루아상에도 사용하는 북해도산 맷돌 제분 밀가루는 감칠맛과 풍미가 뛰어나다.

탈지분유로 미국 디저트의 분위기를

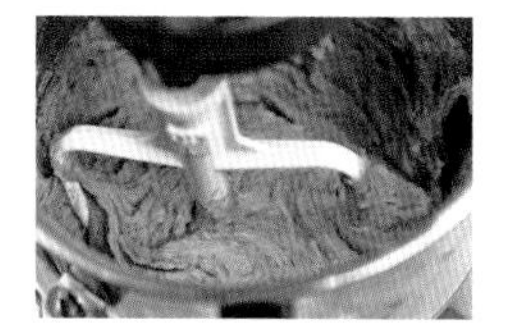

미국에는 우유보다 탈지유 중 하나인 버터밀크를 사용하는 레시피가 많다. 이 점에 착안해 유제품 대신 탈지분유를 사용해 현지의 맛을 구현했다.

반죽이 분리되지 않고 깔끔한 결이 살아 있도록 성형

튀기는 동안 흐트러지지 않고 완성된 모양도 귀여울 수 있도록 성형법을 연구했다. 겉은 바삭하고 속은 촉촉한 매력을 동시에 즐길 수 있는 제품이다.

SHOP INFORMATION

Boulangerie Django
도쿄도 주오구 니혼바시하마초 3-19-4
tel. 03-5644-8722
8:30~18:00
la-boulangerie-django.
blogspot.com
instagram@b_django

Boulangerie Django의

애플사이다 도넛

INGREDIENTS (30개분)

A*1

- 중력분('혼베쓰마치이시우스제분' 아그리시스템) … 800g
- 베이킹파우더 … 24g
- 스팀 밀크 … 40g
- 소금 … 6g
- 시나몬파우더 … 6g
- 올스파이스파우더 … 5g

B

- 버터 … 220g
- 그래뉴당 … 160g
- 트레할로스 40g

달걀(M사이즈)*2 … 4개

수제 사과잼*3 … 160g

사과주스(100%) … 160g

시나몬슈거*4 … 적당량

*1 믹싱볼에 재료 **A**를 넣고 고무주걱으로 가볍게 섞는다.

*2 달걀은 미리 풀어둔다.

*3 사과(홍옥)는 전체의 20~30%는 껍질째로 나머지는 껍질을 벗겨 한입 크기로 썬다. 냄비에 사과와 사과 20% 분량의 그래뉴당을 넣고 끓인다. 사과가 투명해지면 믹서로 곱게 갈아 냉장 보관한다.

*4 그래뉴당 100g과 시나몬파우더 2g을 섞어둔다.

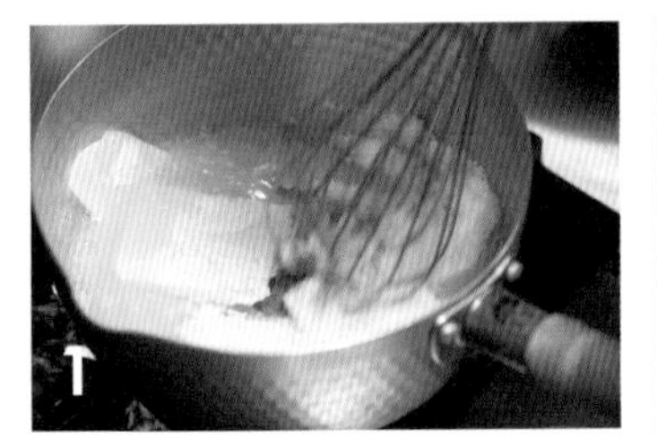

냄비에 재료 **B**를 넣고 거품기로 저어가며 가열한다.

버터가 녹으면 불에서 내리고 한 번 더 섞는다. 점성이 생기면 미리 풀어둔 달걀을 한 번에 넣고 섞는다.

냉장고에서 꺼낸 사과잼에 사과주스 1/2분량을 섞어둔다.

2에 **3**을 넣고 섞는다. 다 섞이면 나머지 사과주스를 넣고 섞는다.

믹싱볼에 재료 **A**를 넣고 **4**를 넣는다. 스탠드믹서에 비터를 끼우고 저속으로 섞는다. 가루가 전부 스며들면 중속으로 올려 2분간 섞는다.

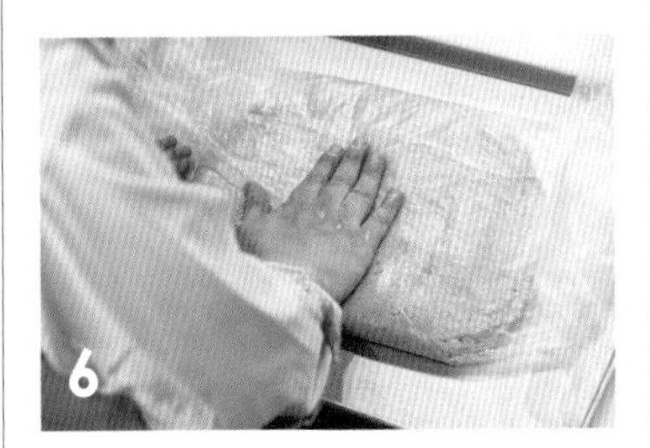

위생 비닐로 감싸고 두께 2cm가 좀 안 되는 사각형이 되도록 손으로 눌러 편다. 단단해질 때까지 냉장고에 넣어둔다(버터가 많이 들어간 부드러운 반죽이라 틀로 찍어내기 좋은 상태가 될 때까지 냉장고에서 굳힌다).

두께 1.2cm 룰러를 사용해 밀대로 반죽을 밀어 편다.

도넛은 지름 7.8cm, 도넛 구멍은 지름 3.8cm 커터에 덧가루를 묻히고 찍어낸다. 구멍을 찍어낸 반죽과 나머지 반죽을 모아 두께 1.2cm로 밀어 펴고 커터로 찍어낸다.

지름 6cm 원형 커터를 반죽의 중간 깊이까지 눌렀다 떼 자국을 낸다. 이 상태로 냉동 보관한다.

튀김기에 면실유(분량 외·적당량)를 넣고 180℃로 가열한다. 자국을 낸 쪽이 위로 가게 냉동된 반죽을 넣고 2분 40초간 튀긴다. 위아래를 뒤집어 다시 2분 40초간 튀긴다.

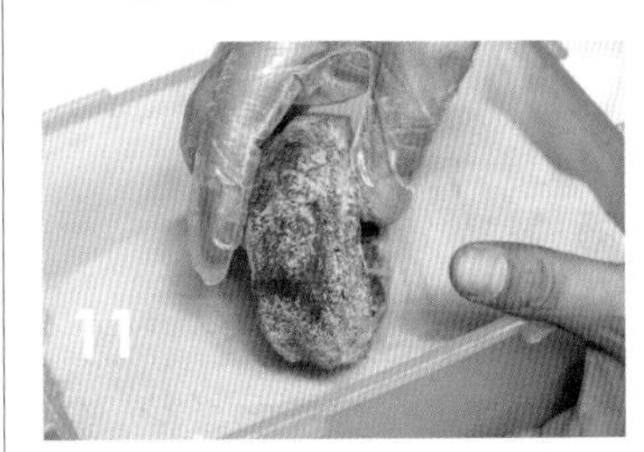

시나몬슈거를 골고루 묻힌다.

Boulangerie Django의

데니쉬 도넛

DAY1

믹싱
스탠드믹서(비터)
버터 이외의 재료를 저속 약 1분 30초 →
중속 약 3분 → 고속 약 5분 →
버터 투입 → 저속 수십 초 →
중속 약 4~5분 → 고속 약 4~5분 →
반죽 완성 온도 24℃

1차 발효
28℃·습도 78%·1시간

펀치
1회 → 30cm 크기

냉동
하룻밤

해동
냉장고(4℃)·1시간

반죽 접기
3절 접기 → 4절 접기

벤치 타임
냉동고·40~60분

성형·냉동
5cm×6cm 평행사변형 → 칼집 넣기 →
세 개의 모서리를 칼집 속에 넣기
(곤약 모양내기와 비슷) → 냉동

해동·최종 발효
실온(20℃)·1시간 30분~2시간

튀기기
면실유(180℃)
1분 15초 → 위아래를 뒤집어 1분 15초

마무리
실온(20℃)·30분 → 그래뉴당 묻히기

INGREDIENTS (60개분)

반죽
- 프랑스빵용 준강력분('리스도르' 닛신제분) … 1kg / 100%
- 달걀 … 240g / 24%
- 세미 드라이이스트(사프·골드) … 12g / 1.2%
- 설탕 … 160g / 16%
- 소금 … 15g / 1.5%
- 우유 … 320g / 32%
- 레몬껍질 … 2개분
- 버터 … 160g / 16%

접기용 버터*[1] … 400g
튀김유(면실유) … 적당량
그래뉴당 … 적당량
*[1] 1cm 두께로 만든 후 위생 비닐로 감싸 냉장고에서 차갑게 보관한다.

DAY 1 믹싱(사진 1~5는 분량의 1/2)

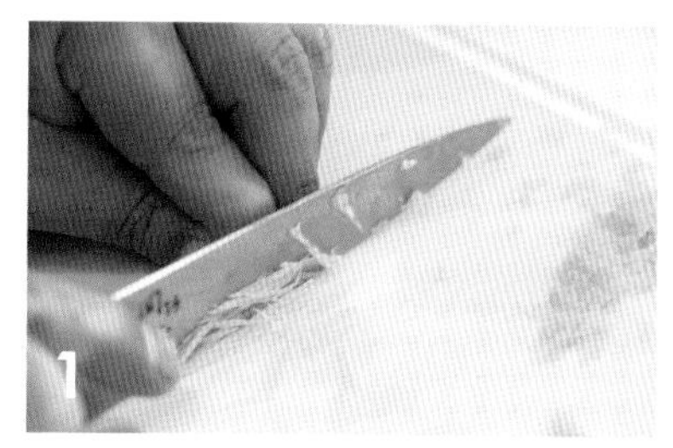

레몬 껍질은 시트러스 필러를 사용하거나 껍질을 얇게 벗겨 페티 나이프로 잘게 썬다(사진 오른쪽이 잘게 썬 것).

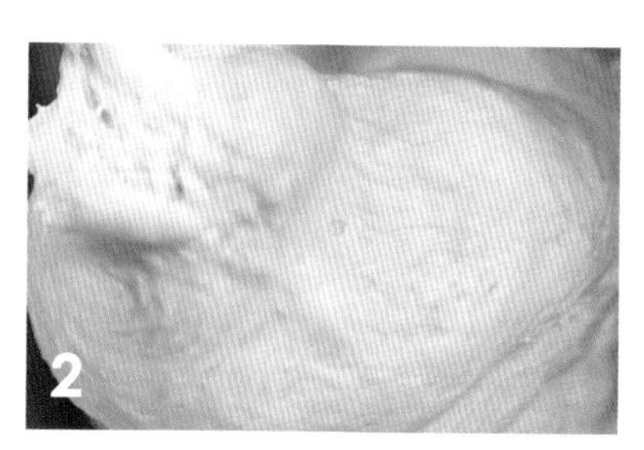

믹싱볼에 버터를 제외한 재료를 넣고 비터를 끼운 스탠드믹서로 저속 약 1분 30초, 중속 약 3분, 고속으로 5분간 믹싱한다. 중간중간 비터와 볼 옆면에 붙은 반죽을 떼어내 섞는다. 사진처럼 반죽이 한 덩어리가 되긴 했지만 표면이 약간 거칠거칠한 상태일 때 믹싱을 멈춘다.

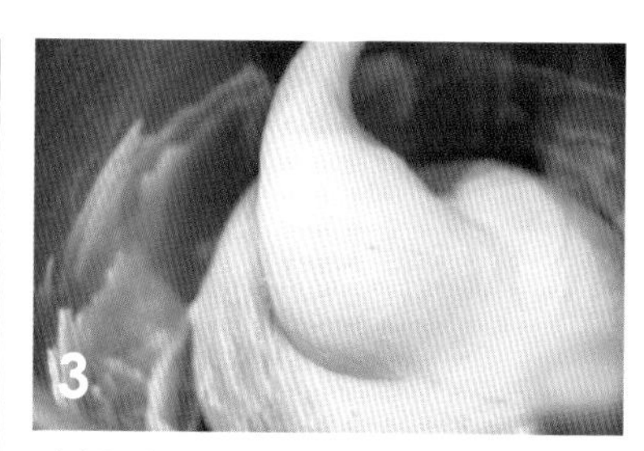

버터를 넣고 저속으로 섞는다. 버터가 골고루 섞이면 중속으로 4~5분, 고속으로 4~5분간 믹싱한다. 반죽 완성 온도는 24℃다.

1차 발효

반죽을 위생 비닐로 감싸고 2cm 두께의 직사각형이 되도록 손으로 눌러 편다. 28℃·습도 78%의 도우콘에 넣고 1시간 동안 발효시킨다.

펀치·냉동

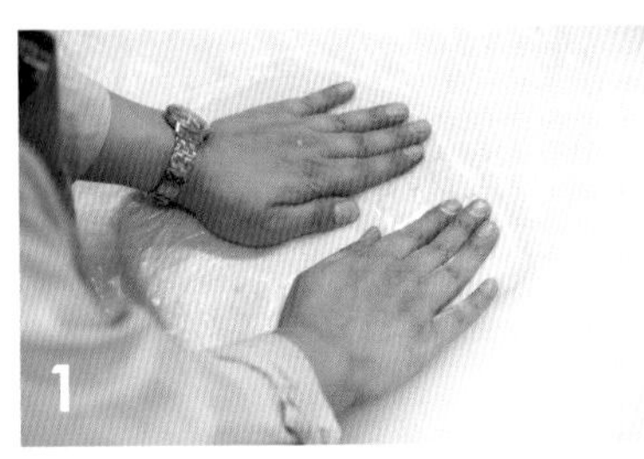

손으로 눌러 가스를 빼고 30cm 길이의 정사각형이 되도록 일정한 두께로 눌러 편다. 위생 비닐로 감싸 냉동고에 하룻밤 둔다.

반죽 접기

반죽 접기용 버터를 밀대로 두드려 사면을 30cm 길이로 늘리고 반죽 접기에 알맞게 단단하기를 조절한다.

냉동고에 넣었던 반죽을 냉장고로 옮기고 반죽을 접기에 알맞은 단단하기가 되도록 1시간 정도 둔다. 폭 30cm, 길이 60cm로 밀어 펴고 반으로 자른다. 반죽 사이에 **1**의 버터를 넣고 겹친다.

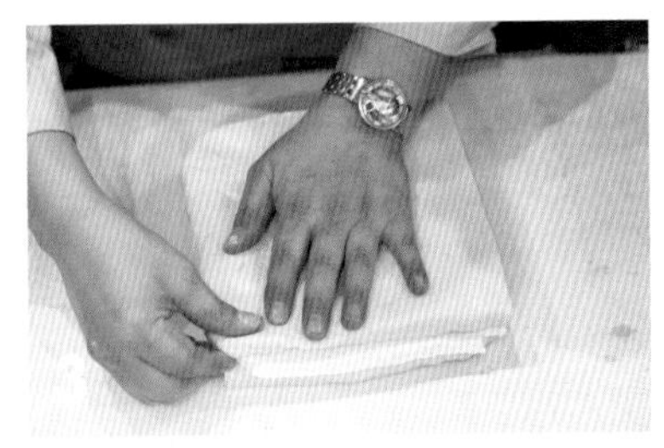

모든 면이 딱 맞는 깔끔한 사각형 모양이 되도록 손으로 반죽의 모양을 가다듬는다.

파이 롤러로 밀어 편다. 3등분으로 잘라 반죽 3장을 겹쳐 올린다(3절 접기 1회).

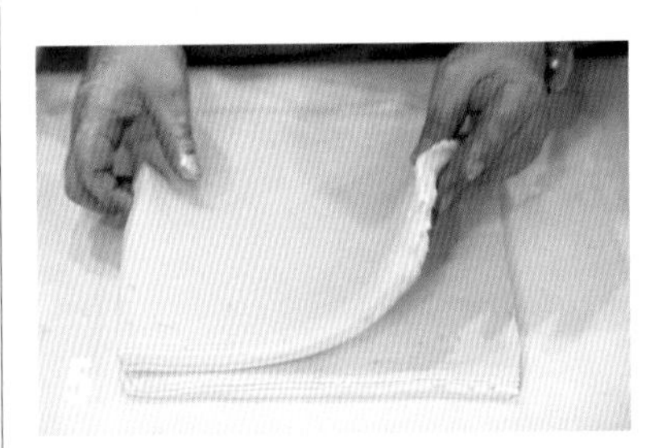

밀어 펴고 반으로 잘라 겹치는 과정을 2번 더 반복한다(4절 접기 1회). 손실되기 쉬운 가장자리와 끝 쪽까지 깔끔한 층이 생길 수 있도록 반죽을 다듬어 가며 늘리는 것이 노하우다.

벤치 타임

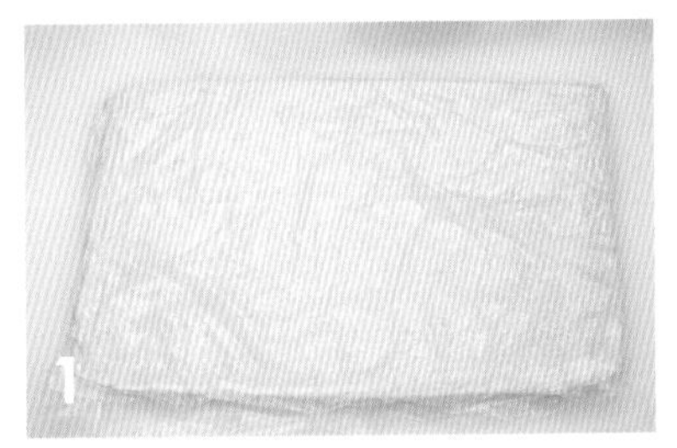

1.5~1.6cm 두께로 늘리고 위생 비닐로 감싸 냉동고에서 40~60분간 벤치 타임을 갖는다, 이 상태로 냉동 보관해도 좋다.

성형

반죽의 옆면이 직선이 되도록 손으로 눌러 가다듬는다. 사진처럼 파이 롤러에 약간 비스듬히 넣고 몇 회 통과시켜 30cm×60cm 크기, 9mm 두께가 되도록 늘려 편다(성형할 때 반죽의 손실이 적어지도록 평행사변형으로 늘린다).

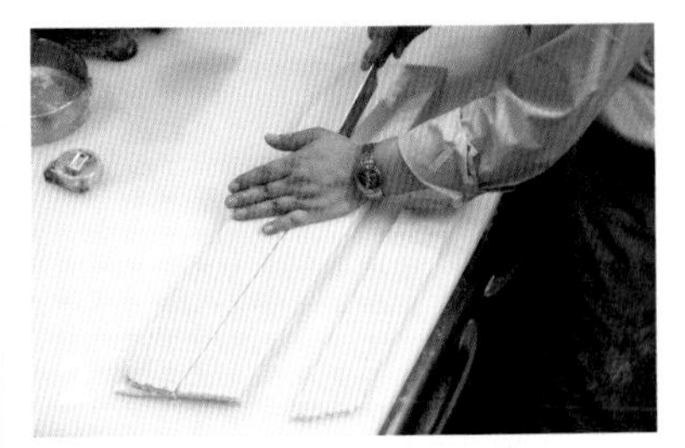

폭 5cm 평행사변형으로 자른다(1개 약 40g). 먼저 세로로 5등분해 6cm 폭의 긴 반죽을 5개 만든다.

반죽을 3줄 또는 2줄씩 겹쳐 올리고 먼저 3등분 하고 다시 각각 4등분 해 총 12등분으로 나눈다.

3을 방향을 맞추어 가지런히 놓고 반죽 중앙에 칼집을 넣는다(대각선으로 1줄).

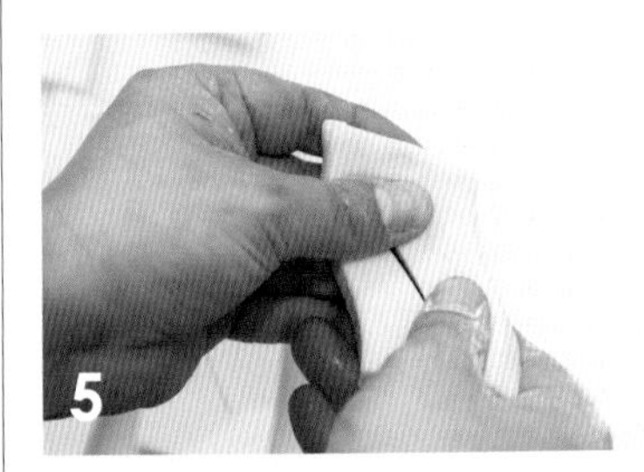

칼집을 늘리는 것처럼 가볍게 잡아당긴다.

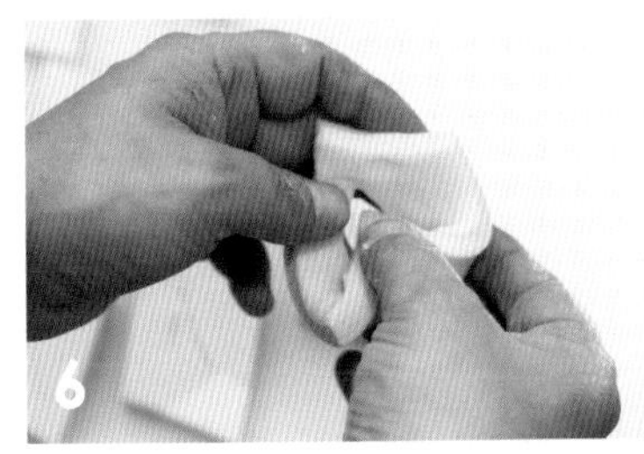

곤약 모양내기처럼 대각선상의 한쪽 모서리를 칼집 안으로 넣어 통과시킨다.

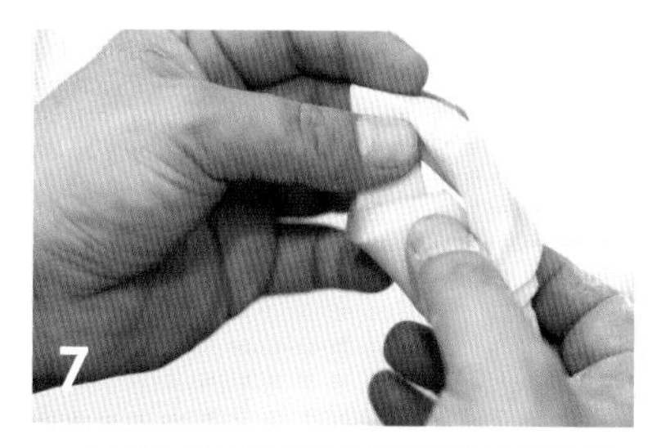

왼쪽 모서리가 **6**에서 통과시킨 모서리를 따라 칼집 안으로 들어가도록 넣는다.

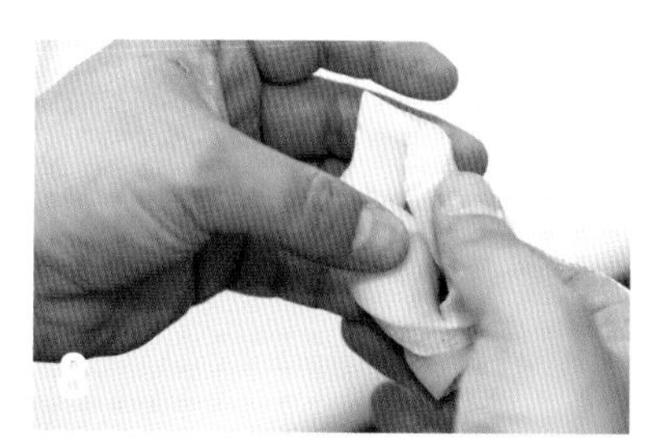

7에서 통과시킨 모서리가 나오지 않도록 손으로 누르면서 오른쪽 모서리를 칼집 안으로 넣는다.

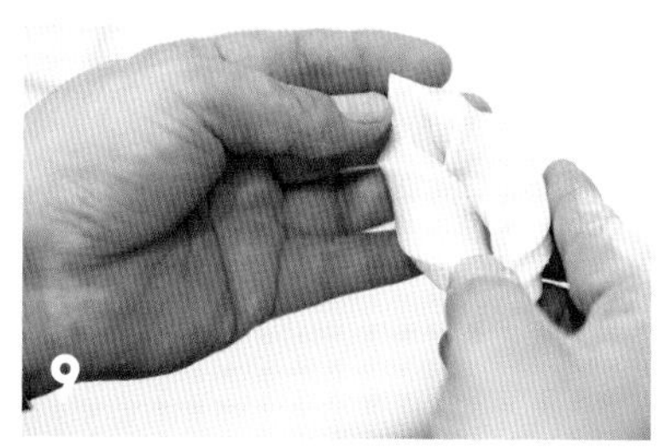

왼쪽과 오른쪽 모서리가 서로 맞닿아 누르면서 칼집에서 빠져나오기 어렵게 된다.

오븐팬에 나란히 올리고 비닐 시트로 감싸 냉동한다. 완전히 얼면 지퍼백에 담아 냉동 보관한다.

해동·최종 발효

오븐팬에 실리콘 매트를 깔고 성형한 반죽을 올린다. 실온(20℃)에 1시간 30분~2시간 정도 둔다. 표면을 적당히 건조하면서 해동·최종 발효를 한다.

튀기기

180℃로 가열한 면실유에 넣고 양면을 1분 15초씩 튀긴다. 트레이에 세워 기름기를 빼고 아래위를 바꾸어 다시 한번 기름기를 완전히 제거한다.

도넛이 식으면 그래뉴당이 담긴 용기에 넣고 골고루 그래뉴당을 묻힌다.

반죽 접기

반죽의 접는 횟수를 바꾸면 분위기나 식감이 달라진다. 왼쪽이 3절 접기×4절 접기, 오른쪽이 3절 접기×3절 접기를 한 것이다. 많이 접은 반죽이 더 층이 얇아 식감이 바삭바삭하고 속도 촉촉하다. 적게 접은 반죽은 먹었을 때 버석하고 딱딱하다.

파티스리에서 배우는
슈 도넛 만드는 법

EN VEDETTE의 프렌치크룰러

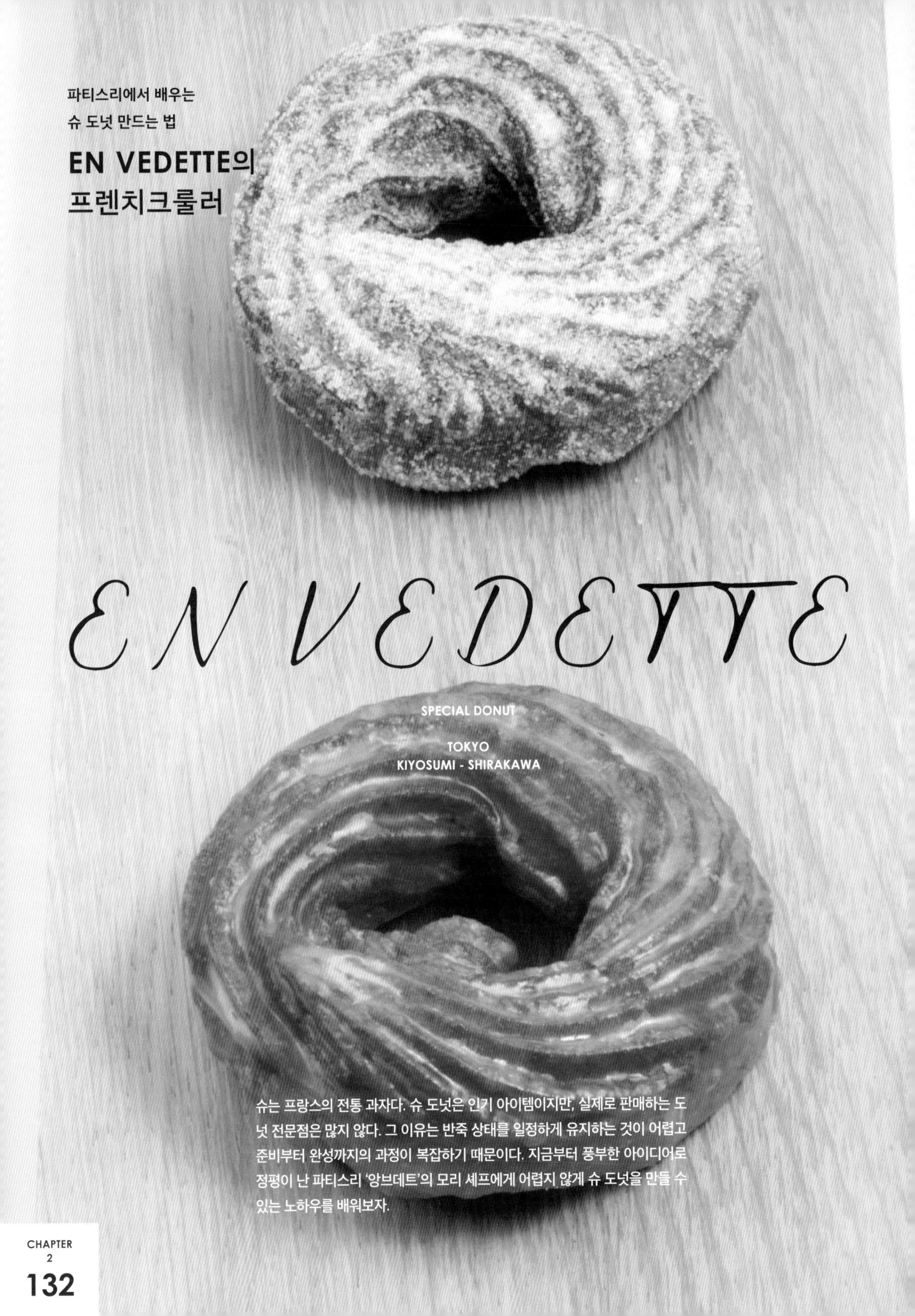

EN VEDETTE

SPECIAL DONUT

TOKYO
KIYOSUMI - SHIRAKAWA

슈는 프랑스의 전통 과자다. 슈 도넛은 인기 아이템이지만, 실제로 판매하는 도넛 전문점은 많지 않다. 그 이유는 반죽 상태를 일정하게 유지하는 것이 어렵고 준비부터 완성까지의 과정이 복잡하기 때문이다. 지금부터 풍부한 아이디어로 정평이 난 파티스리 '앙브데트'의 모리 셰프에게 어렵지 않게 슈 도넛을 만들 수 있는 노하우를 배워보자.

프렌치크룰러는 슈반죽을 튀겨서 만드는데 이때, 슈크림용 슈반죽을 사용하면 튀겼을 때 너무 부풀어 올라 터져버리거나 형태가 울퉁불퉁해진다. 그 이유는 가열 방법에 따라 반죽에 일어나는 변화의 과정이 다르기 때문이다.

수분량이 많은 슈크림용 반죽은 오븐 열로 먼저 천천히 부풀어 오르고 그 후 표면이 익어 단단해지는 순서로 구워진다. 그러나 '튀기다'라는 가열 방법으로 익히는 프렌치크룰러는 고온의 기름으로 표면이 단단해지고 그 후에 반죽이 부풀어 오른다. 수분량이 많은 반죽은 크게 부풀어 오르기 때문에 단단해진 표면을 뚫고 나오기도 한다.

다시 말해 튀겨서 만드는 슈 도넛은 팽창을 견딜 수 있을 정도로 단단해야 한다. 그렇다고 강력분을 사용하면 반죽이 무거워져 부풀지 않고, 질겨지고, 잘 익지 않게 되기 때문에, 프렌치크룰러의 특징인 폭신폭신한 볼륨이 사라진다.

그래서 '앙브데트'에서는 박력분의 비율을 늘려 단단하기를 조절했다. 슈크림용 반죽은 보통 수분량의 60% 정도로 박력분을 넣지만 프렌치크룰러용 반죽에는 80%가 들어간다. 가루의 비율이 높기 때문에 반죽이 늘어지지 않고, 반죽의 상태가 매우 안정적이라 슈크림용 반죽처럼 호화시킬 때 수분의 증발량을 섬세하게 조절할 필요가 없다. 이 반죽의 호화 시간은 30초~1분 정도로 비교적 짧지만 익히지 않으면 반죽이 이상하게 부풀어 모양이 울퉁불퉁해지니 이 과정을 절대 생략하지 않는다. 레시피는 스탠드 믹서로 만들기 쉬운 30~40개 분량으로 개발했으나 1/2~1/3분량으로 만들어도 안정적인 상태로 완성된다. 양을 줄일 때는 스탠드믹서 대신 거품기를 사용한다. 냉동 보관이 가능해 한꺼번에 만들어두고 판매 상황을 보며 추가로 제조해 내보낼 수 있기 때문에 운영 면에서도 도입하기 쉬운 레시피라 생각한다.

배합은 '앙브데트'의 슈크림용 레시피를 바탕으로 만들었다. 달걀의 풍미를 느낄 수 있는 부드러운 맛이라 그대로 먹어도 맛있고, 크림이나 초콜릿 등 다양한 플레이버와도 잘 어우러져 메뉴 개발이 용이하다. 새롭게 전개할 때는 가능한 고품질의 재료를 사용해 심플하게 만드는 것을 추천한다. 크림 또는 콩피튀르 등을 사용하면 디저트같이 화려한 도넛도 만들 수 있다.

오너 셰프 모리 다이스케

1978년 기후현 출생. 동경제과학교 졸업 후 '그랜드 하얏트 도쿄'(도쿄·롯폰기) 등에서 근무 후 파리로 건너갔다. 귀국 후 '파티스리·사쿠라'(도쿄·토요스)의 셰프를 맡았다. 2016년에 독립해 현재 시부야 스크램블 스퀘어, 도쿄 미드타운 야에스에도 매장을 오픈했다.

맛의 포인트

안정적인 레시피

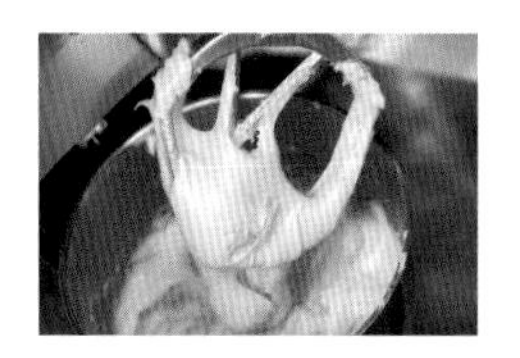

슈크림용 반죽은 들어 올리면 천천히 흐를 정도로 부드럽지만 프렌치크룰러 반죽은 비터에서 떨어지지 않을 정도로 되직하다. 특별한 테크닉이 없어도 균일하고 아름다운 도넛을 만들 수 있는 배합이다.

모양 깍지를 달리하면 분위기가 바뀐다

별깍지 8발을 사용하면 선이 굵고 캐주얼한 분위기(사진 오른쪽), 10발을 사용하면 우아하고 섬세한 분위기로 만들 수 있다(사진 왼쪽).

반죽은 냉동 보관 가능

종이 유산지에 짠 상태로 냉동하고 딱딱해지면 밀폐용 지퍼백에 담아 보관한다. 사용 시에는 냉장고에서 해동한 후 튀긴다. 반드시 반죽 가운데까지 완전히 해동한 후 튀기는 것이 중요하다.

SHOP INFORMATION

EN VEDETTE
기요스미 시라카와 본점
도쿄도 고토구 미요시 2-1-3
10:00~19:00
tel. 03-5809-9402
화·수요일 정기 휴무
envedette.jp
instagram@en_vedette_

EN VEDETTE의

프렌치크룰러

플레인

응용①
프렌치크룰러 글라스로열

글라스로열은 프랑스 과자의 아이싱이다. 레몬즙으로 산미와 향을 더해 무거워지기 쉬운 튀김 도넛을 가볍게 즐길 수 있도록 만들었다. 글라스로열에 레몬껍질을 갈아 섞으면 풍미가 풍부하고 향긋해진다.

응용②
프렌치크룰러 쇼콜라 누아젯

아몬드 다이스를 넣은 초콜릿을 입힌 프렌치크룰러에 크림 프랄린 누아젯을 듬뿍 끼워 넣고 구운 얇게 썬 아몬드를 곁들여 식감과 디자인에 포인트를 주었다. 너트와 초콜릿 덕분에 깊고 진한 맛을 느낄 수 있다.

응용③
프렌치크룰러 생토노레

슈와 크림 등을 조합해 만드는 프랑스 전통 과자 '생토노레'를 모티브로 만든 프렌치크룰러. 베리 젤리, 크림 디플로마, 딸기, 크림 샹티를 겹겹이 쌓아 화려하게 장식했다.

응용④
프렌치크룰러 크리스탈리제

튀긴 프렌치크룰러가 따뜻할 때 그래뉴당이 담긴 용기에 넣어 골고루 묻히면 끝이다. 반죽 본연의 맛을 그대로 즐길 수 있다. 그래뉴당에 간 레몬껍질이나 베리류 동결건조 파우더를 섞으면 그것만으로도 여러 가지 맛으로 응용이 가능하다.

응용①

프렌치크룰러 글라스로열

INGREDIENTS (20~30개분)

A

- 우유 … 300g
- 버터 … 180g
- 물 … 300g
- 설탕 … 12g
- 소금 … 6g

박력분('C블랑' 쇼와상요) … 480g

달걀(L사이즈) … 12개

튀김유(현미유) … 적당량

글라스로열 오 시트롱*[1] … 적당량

*[1] 슈거파우더 270g, 물 50g, 레몬즙 12g을 섞는다(만들기 쉬운 분량).

1 냄비에 재료 **A**를 넣고 끓어오를 때까지 가열한다.

2 불을 끄고 체 친 박력분을 한 번에 넣고 고무주걱으로 재빨리 섞는다.

3 가루가 반죽에 스며들면 중불로 가열한다. 가열하기 전에는 사진처럼 냄비 바닥에 반죽이 들러붙어 있지 않다.

4 고무주걱으로 반죽을 으깨듯이 저어가며 아래위를 뒤집는다, 20~30초 정도 골고루 섞는다.

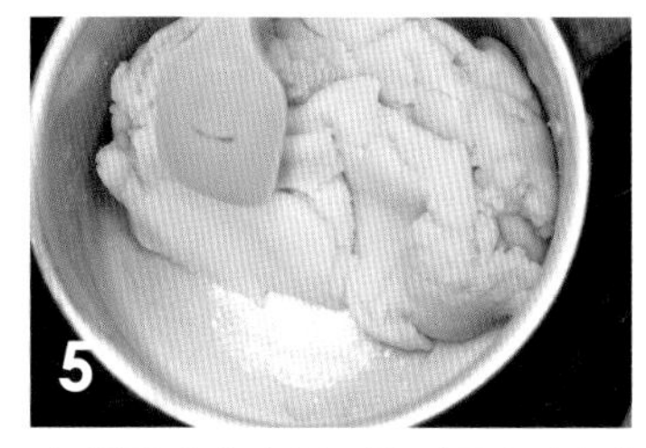

5 사진처럼 냄비 바닥에 얇은 반죽의 막이 생기면 완성된 것이니 불에서 내린다. 반죽은 한 덩어리로 뭉쳐지고 윤기가 나는 상태다.

6 비터를 끼운 스탠드믹서에서 저속으로 **5**의 반죽을 섞는다. 섞으면서 우선 달걀 2개를 넣는다. 달걀이 반죽에 섞여 매끄러워지면 계속 달걀을 1개씩 넣으면서 골고루 섞는다.

이런 작은 디테일이 맛으로 연결된다.

7 믹싱볼을 꺼낸다. 고무주걱으로 볼 옆면에 붙은 반죽을 떼어내 섞는다. 다시 스탠드믹서에 끼우고 저속에서 전체적으로 매끄러운 상태가 될 때까지 섞는다.

8 별깍지(10발)를 끼운 짤주머니에 반죽을 채운다.

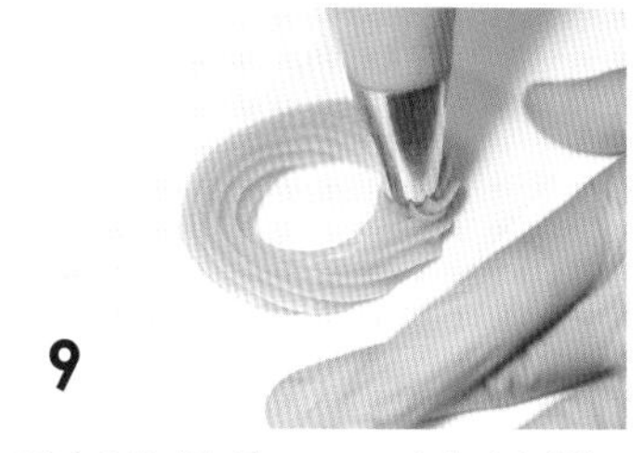

9 종이 유산지를 약 10cm 크기의 정사각형으로 자르고 그 위에 지름 7cm 크기로 반죽을 짠다(약 30g).

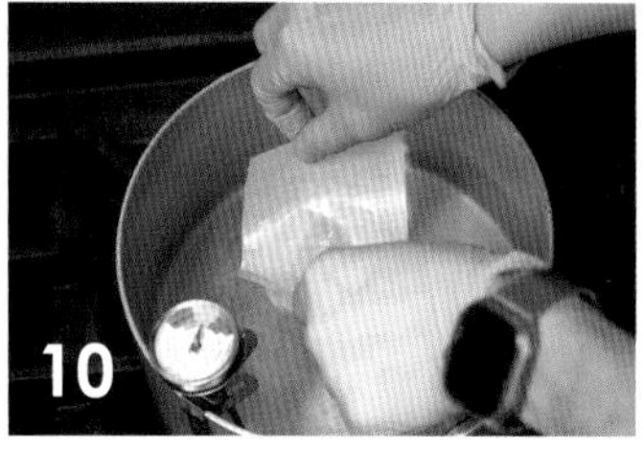

10 냄비에 튀김유를 넣고 170~180℃로 가열한다. 종이 유산지를 들고 반죽이 밑으로 가게끔 해 그대로 넣는다. 양면을 3분씩 튀긴다. 종이 유산지가 분리되면 집게로 꺼낸다.

11 다시 양면을 30초에서 1분 정도 튀긴다.

반죽이 흐물흐물해지기 쉬우므로 두 번 튀겨 표면을 바삭하게 만든다.

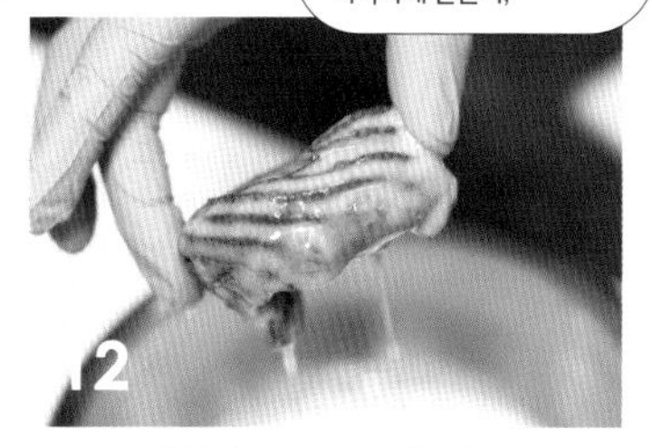

12 뜨거울 때 글라스로열 오 시트롱에 담갔다가 빼고 식힘망에 올려 식힌다.

응용②

프렌치크룰러 쇼콜라 누아젯

밀크초콜릿 버터 글라세(만들기 쉬운 분량)
밀크 버터 글라세('브룬 '카카오바리) … 240g
밀크 커버춰초콜릿('락티' 카카오바리) … 600g
카카오버터('브루도카카오' 카카오바리) … 48g
아몬드 다이스 … 120g

1 내열용기에 모든 재료를 넣고 전자레인지에서 녹인 다음 섞는다.

크림 파티시에(만들기 쉬운 분량)
달걀노른자 … 150g
그래뉴당 … 70g
박력분 … 74g
우유 … 500g
바닐라 빈 … 1/2개분

1 볼에 달걀노른자와 그래뉴당을 넣고 거품기로 밝은 아이보리색이 될 때까지 섞은 다음 박력분을 넣어 섞는다.
2 냄비에 우유, 바닐라빈 씨와 껍질을 모두 넣고 살짝 끓인다. **1**에 조금씩 넣어가면서 섞는다.
3 냄비에 다시 담고 계속 저어가면서 가열한다. 도넛 사이에 올릴 때 모양이 흐트러지지 않도록 진득이 가열해 약간 단단한 크림 파티시에를 만든다.

크림 프랄린 누아젯(만들기 쉬운 분량)
크림 파티시에(미리 만들어 둔 것) … 500g
프랄린 누아젯(카카오바리) … 150g

1 볼에 모든 재료를 넣고 고무주걱으로 뭉침 없이 고르게 섞는다.

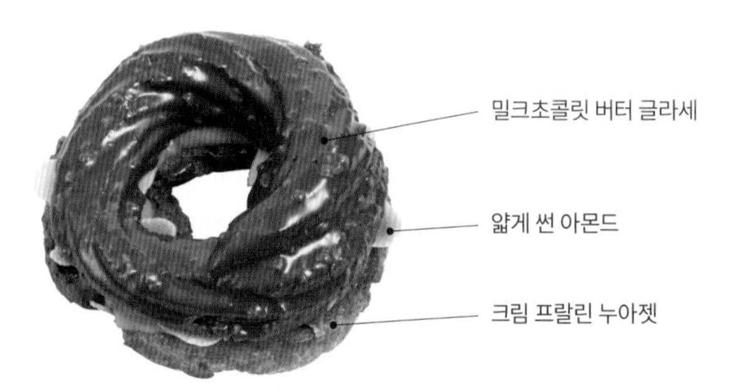

조합하기

프렌치크룰러를 밀크초콜릿 버터 글라세에 담가 코팅한다.

1을 가로로 반을 가른다.

도넛에 볼록하게 튀어나온 기포 벽을 손가락으로 누른다(크림이 많이 들어갈 수 있도록).

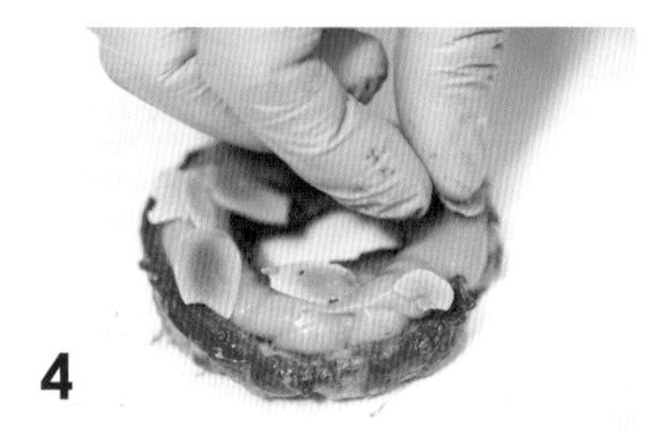

크림 프랄린 누아젯을 빙 둘러 짜고 얇게 썬 아몬드를 올린다.

초콜릿 버터 글라세를 코팅한 윗면을 위에 올려 마무리한다.

응용③
프렌치크룰러 생토노레

젤리 루비(만들기 쉬운 분량)
- 라즈베리 퓌레(브와롱) … 500g
- 딸기 퓌레(브와롱) … 500g
- 라즈베리(냉동) … 480g
- 그래뉴당 … 360g
- 판젤라틴 … 18g
- 물 … 90g
- 딸기 리큐르 … 40g

1. 판젤라틴은 분량의 물에 담가 불려둔다.
2. 리큐르를 제외한 재료를 냄비에 넣고 저어가면서 한소끔 끓을 때까지 가열한다.
3. 불에서 내리고 실온에서 잔열을 식힌다. 40℃ 이하가 되면 딸기 리큐르를 넣고 섞는다.

크림 샹티(만들기 쉬운 분량)
- 생크림(유지방분 45%) … 300g
- 생크림(유지방분 35%) … 150g
- 그래뉴당 … 32g

1. 볼에 모든 재료를 넣고 90% 정도로 단단하게 휘핑한다.

핑크 퐁당(만들기 쉬운 분량)
- 퐁당 … 100g
- 보메 30°시럽*[1] … 10g
- 붉은색 식용색소 … 소량
- 그래뉴당 … 32g

*[1] 당도 30°의 설탕 시럽. 냄비에 그래뉴당 135g과 물 100g을 넣고 한소끔 끓여 녹인 다음 식힌다.

1. 퐁당을 전자레인지에서 20~30℃ 정도가 될 때까지 데워 부드럽게 만든다. 그 밖의 재료를 넣어 섞는다.

크림 디플로마(만들기 쉬운 분량)
- 생크림(유지방분 35%) … 170g
- 크림 파티시에(왼쪽 페이지) … 500g

1. 생크림을 100%로 단단하게 휘핑한다.
2. 크림 파티시에에 **1**을 2~3회 나누어서 섞는다.

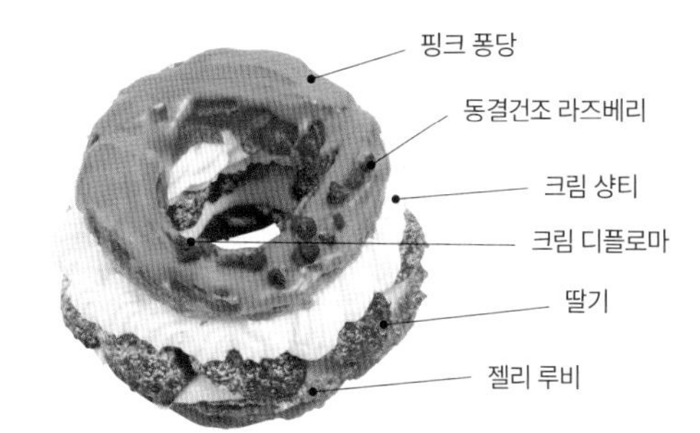

조합하기

프렌치크룰러를 가로로 반을 가르고 하단 도넛에 젤리 루비를 짠다.

크림 디플로마를 원형깍지로 **1** 위에 짠다.

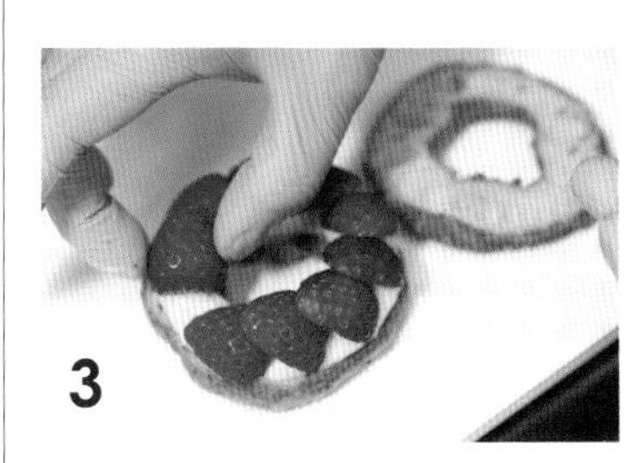

딸기를 올린다.

슈거파우더를 뿌리고 크림 샹티를 별깍지로 짜올린다.

상단 도넛을 원형 커터(지름 7cm)로 찍는다.

5에 퐁당을 입히고 동결건조 라즈베리를 골고루 뿌린 다음 **4** 위에 올린다.

CHAPTER 3

튀김빵 반죽 알아보기

pain stock

2010년 후쿠오카 시내의 주택가 하코자키에 1호점을 오픈. 2019년에는 후쿠오카의 인기 커피 전문점 '커피 카운티'와 콜라보해 텐진 중앙공원에 있는 식음료 매장 'HARENO GARDEN EAST&WEST'에 2호점을 개업했다. 매장에는 약 100가지의 빵이 진열되고 먹고 갈 수 있는 공간도 마련되어 있다. 온라인 스토어도 개설해 쉽게 변질되지 않는 장시간 숙성 발효빵 등을 전국 각지에 배송한다.

팽스톡 텐진점
후쿠오카현 후쿠오카시 주오구 니시나카스 6-17
tel. 092-406-5178
8:00~19:00
월요일, 첫 번째와 세 번째 화요일 정기 휴무
instagram@pain_stock_tenjin

↓ P.140

TOLO PAN TOKYO

도큐 덴엔토시선 이케지리오하시역에서 도보 2분 거리의 역전 상점가에 위치. (주)cupbearer의 대표이사 우에노 마사토 씨와 '듀 라르테'(도쿄·아오야마)에서 수학한 다나카 신지 씨가 2009년에 개업. 차고를 이미지화한 점내에는 마테차를 넣은 팥앙금이 들어간 단팥빵 '모다안'과 연두부와 두유로 반죽한 식빵 '히가시야마' 등 개성이 돋보이는 빵 40~50가지가 진열되어 있다.

토로 팡 도쿄
도쿄도 메구로구 히가시야마 3-14-3
tel. 03-3794-7106
8:00~17:00 (품절 시 영업 종료)
화·수요일 정기 휴무
instagram@tolopantokyo

↓ P.142

BOULANGERIE LA TERRE

1998년에 문을 연 양과자점 'LaTerre'의 베이커리 매장이다. 2002년 도쿄·미슈쿠에 오픈했다. '자연과 더불어 산다'는 브랜드 정신을 지켜 국내산 밀을 비롯해 생산자가 표시된 재료를 사용한다. 돌가마에서 구운 하드 계열 빵과 홋카이도산 밀의 풍미를 살린 식빵, 반죽과 필링에 집중한 과자빵 등 약 70가지 메뉴를 선보인다. 현재는 미슈쿠 본점 외 도쿄역과 시나가와역 총 3개의 점포를 운영 중이다.

블랑제리 라테루
도쿄도 세타가야구 미슈쿠 1-4-24
tel. 03-3422-1935
8:00~19:00 / 토, 일요일, 공휴일 7:00~
부정기 휴무
laterre.com

↓ P.144

THE ROOTS neighborhood bakery

후쿠오카시 지하철 나나쿠마선 야쿠인오도리역에서 걸어서 3분 거리의 주택지에 2016년 개업. 2022년 9월 매장을 재단장 오픈했다. 술과 함께 곁들이기 좋은 하드 계열 등의 식사빵이 주력 상품이다. 11.5평의 가게에 약 50종의 제품이 진열된다. 매주 화요일은 '베이글 day', 매주 목요일은 '베니에 day'를 개최한다. 베니에 day에는 피스타치오와 차이 크림을 채운 상품을 한정 수량으로 판매한다.

더 루츠 네이버후드 베이커리
후쿠오카시 주오구 야쿠인 4-18-7
tel. 092-526-0150
9:00~19:00
월요일 정기 휴무
theroots.jp

↓ P.146

Boulangerie Bonheur

현재 9개의 매장을 전개 중인 '보누르'의 1호점으로 2006년 도큐선 산겐자야역에서 걸어서 5분인 다자와 거리에 문을 열었다. '30분에 한 번씩 반드시 갓 구운 빵을 제공'하는 기업 이념에 따라 가게 안에 자리 잡은 돌가마에서 약 70종의 빵이 차례차례 구워져 나와 매장을 채운다. 인기 상품으로 초코칩이 들어간 과자빵 '쇼콜라', 프랑스인 셰프가 검수한 '크루아상' 등이 있다.

블랑제리 보누르 산겐자야 본점
도쿄도 세타가야구 다이시도 4-28-10
스즈키 빌딩 1F
tel. 03-3419-0525
8:30~20:00
휴무일 없음
boulangerie-bonheur.jp

↓ P.148

C'EST UNE BONNE IDÉE!

'365일'(도쿄·토미가야)의 스기쿠보 아키마사 씨가 프로듀스한 '세튜누봉니데'(가나가와·무코가오카유엔)의 2호점으로 2021년 12월에 오픈했다. 엄선된 국산 재료와 수제 필링으로 만든 빵 80여 가지를 판매한다. 지유가오카점은 말라사다 외 브리오슈 반죽 등의 달콤한 빵이 전체의 50~60퍼센트를 차지하며 점포 한정 상품도 다수 갖추고 있다. 손님 수는 1일 약 250명.

세튜누봉니데 지유가오카점
도쿄도 메구로구 지유가오카 2-15-7
tel. 03-6421-1725
10:30~20:00
화, 수요일 정기 휴무
instagram@cestune_
bonneidee_jiyugaoka

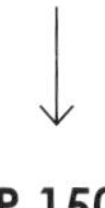

P.150

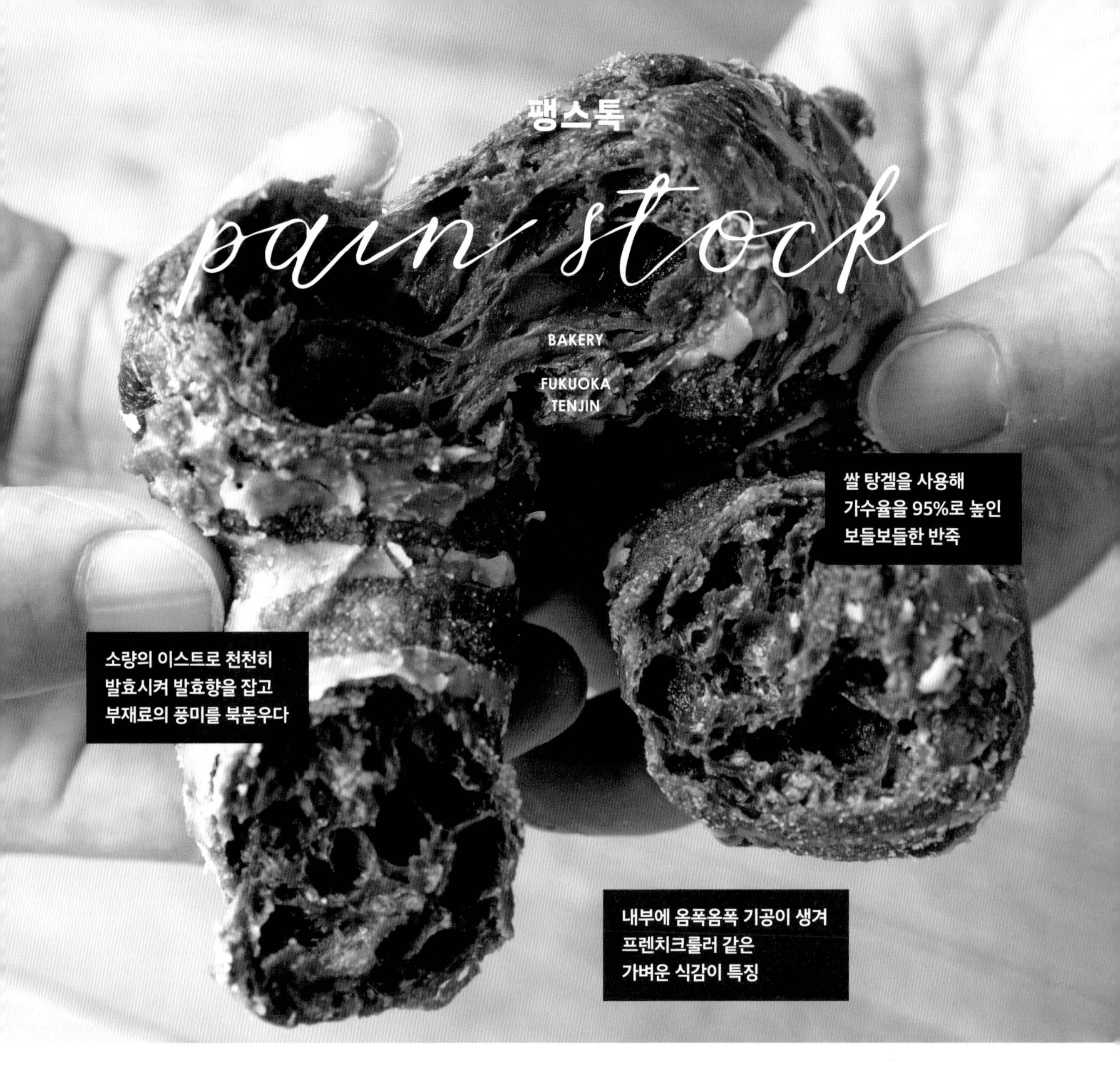

어떤 도넛을 만들고 싶었나?

한입 베어 물면 혀 위에서 반죽이 미끄러지듯 질감이 보들보들하고, 프렌치크룰러처럼 폭신하게 부풀어 내부에 기공이 생기는 식감이 가볍고 부드러운 반죽을 좋아한다. '어른의 도넛'은 시간이 지나도 밀가루의 맛이 변질되거나 기름지지 않고, 우유 맛과 카카오의 쌉싸름함이 선명하게 느껴지도록 만들고 싶었다. 이를 위해 고가수 반죽을 개발했다. 탕종은 당기는 힘이 강해 뚝뚝 끊어져 입안에서 덩어리질 수 있기에 쌀 탕겔을 넣어 촉촉하게 만들었다. 일반 물을 넣으면 반죽이 질어지기 때문에 얼음을 더해 부수듯이 길게 믹싱해 쫀쫀한 반죽을 완성한다. 고온에서 짧게 튀기는데, 기름에 반죽을 넣고 곧바로 2~3회 위아래를 뒤집어 주면 기름이 골고루 코팅되어 끈적거리지 않게 된다.

볼륨감을 만드는 비법은?

슈크림처럼 무른 반죽이 열로 부풀어 오르는 모습을 떠올려보자. 반죽이 크면 그만큼 더 기름을 흡수하기 때문에 과발효되지 않도록 주의한다. 1차 발효는 소량의 이스트로 천천히 해 반죽의 부풀기와 발효향을 최소화한다. 최종 발효는 표면이 마를 정도로만 짧게 하는데, 이렇게 하면 표면의 수분이 날아가 기름이 흡수되기 어려워진다. 튀기기 전 반죽의 크기는 성형 직후보다 1.5배 정도 커진 자그마한 모양새지만 튀기면 3배 정도로 커진다. 다만 튀겼을 때 많이 부풀면 푹 가라앉을 수 있기 때문에 가루 대비 10% 분량의 달걀흰자를 더했다. 달걀의 맛이 두드러지지 않도록 달걀노른자는 넣지 않고 달걀흰자만으로 봉긋한 볼륨감을 유지한다.

어른의 도넛

DAY1

믹싱
저속 3분 → 중속 15분 →
조절용 물을 넣어 중속 5분 /
반죽 완성 온도 20℃

1차 발효
주방(18℃)·16시간

분할·둥글리기
55g

벤치 타임·성형
실온(25℃, 이하 동일)·1시간 → 링 모양

최종 발효
실온·30분

튀기기
유기농 쇼트닝(195~200℃)
2~3회 위아래를 뒤집어 → 1분 →
위아래를 뒤집어 1분

마무리
아이싱 → 위 불·아래 불 모두 240℃
오븐·5~10초

INGREDIENTS (가루 1kg 반죽, 55개분)

규슈산·홋카이도산 빵용가루('유메무스비' 구마모토제분) … 500g / 50%
홋카이도산 강력분('하루요코이' 요코야마제분) … 500g / 50%
혼와향당 … 50g / 5 %(오키나와산 함밀당)
호염(호주산) … 16g / 1.6%
쌀 탕겔*[1] … 300g / 30%
달걀흰자 … 100g / 10%
우유 … 500g / 50%
얼음 … 300g / 30%
물(조정용) … 120g / 12%
카카오파우더 … 120g / 12%
버터 … 250g / 25%
인스턴트 드라이이스트 … 0.3~0.4g / 0.03~0.04%
유기농 쇼트닝 … 적당량
아이싱*[2](마무리용) … 적당량

*[1] 냄비에 쌀가루와 40℃ 정도의 뜨거운 물을 1대 5의 분량으로 넣는다. 약불에서 거품기로 저어가며 65℃가 될 때까지 가열한다. 걸쭉해지면 불에서 내린다. 그릇에 옮겨 랩을 씌우고 잔열이 식으면 냉장고에서 식힌다.
*[2] 볼에 슈거파우더와 물을 20대 1의 분량으로 넣고 거품기로 섞는다.

1. 믹싱볼에 조정용 물 외의 모든 재료를 넣고 스파이럴믹서에서 저속 3분, 중속 15분간 섞는다. 조절용 물을 넣고 중속으로 5분간 섞는다. 반죽 완성 온도는 20℃.
   → 반죽은 카카오의 맛을 살리기 위해 설탕은 소량, 소금도 짠맛을 더하기 위함이 아니라 다른 재료의 맛을 돋보이게 하는 역할 정도로만.
2. 반죽을 보관함에 넣고 랩을 씌운 후 18℃의 주방에서 16시간 동안 1차 발효한다.
3. 반죽을 작업대 위에 올리고 55g씩 분할해 둥글리기 한다. 반죽 보관함에 나란히 넣고 실온(25℃ 정도, 이하 동일)에서 1시간 벤치 타임을 갖는다.
4. 반죽 가운데 손가락을 찔러 넣고 동그라미를 그리듯이 움직여 구멍을 낸다.
5. 공기조절기 밑에 두고 실온에서 30분간 최종 발효한다.
   → 공기조절기 밑에 두고 표면을 적당히 건조하면 고가수의 반죽이 기름을 과도하게 흡수하는 것을 방지할 수 있다.
6. 냄비에 유기농 쇼트닝을 넣고 195~200℃로 가열한 다음 반죽을 넣어 가볍게 2~3회 아래위를 뒤집는다. 1분 튀기고 위아래를 뒤집어 1분 튀긴다.
7. 식힘망에 올려 기름기를 빼고 실온에서 식힌다. 아이싱이 담긴 용기에 도넛 한쪽 면을 담가 코팅한다. 위 불, 아래 불 모두 240℃인 오븐에서 5~10초간 구워 아이싱을 굳힌다.

오너셰프 히라야마 테츠오
1975년 후쿠오카현 출생. 대학 졸업 후 후쿠오카현내의 베이커리에서 기초를 쌓고 프랑스로 건너갔다. 파리의 'Le grenier à pain'에서 연수를 받고 귀국했다. 'JUCHHEIM DIE MEISTER' 등에서 근무하고 2010년 독립해 후쿠오카시 하코자키에서 개업했다. 현재 점포를 2개 운영 중이다.

이상적인 도넛이란?

우리 가게의 인기 상품인 '생도넛'(370엔)을 예로 들 수 있다. 심플하고 부드러운 맛을 내고 싶었기에 설탕량을 줄여 단맛을 낮추고 대신 소량의 바닐라 페이스트로 달콤한 향을 더해 디저트 느낌을 냈다. 효모종은 특유의 향이 거의 없는 동백 효모종 '고토츠바키효모'를 선택해 바닐라의 섬세하고 달콤한 향이 돋보이게 만들었다. 튀김유는 포도씨유 베이스에 잘 산화되지 않는 베이킹용 참기름을 섞어 사용하고, 도넛이 기름을 흡수해 줄어든 양만큼 매일 새로운 기름을 추가해 도넛에 기름 냄새가 배지 않도록 한다. 또한 씹었을 때 식감이 보드랍게 부서져 스르르 녹아내리도록 만들었다.

부드러운 식감의 비결은?

입안에서 스르르 녹는 촉촉한 식감의 비결은 '네오트러스트®'(J-오일밀즈) 전분을 사용한 것이다. 전분은 물과 기름을 흡수해 유지하는 특성이 있다. 반죽에 전분을 첨가하면 많은 수분량, 유분량으로 느슨해진 반죽도 문제없이 성형까지 끌고 갈 수 있고 그 결과 식감이 부드럽게 완성된다. 또한 당류로 상백당 이외에 보수성이 뛰어난 트레할로스를 더해 한층 더 촉촉하게 만들었다. 도넛은 기름에 넣자마자 위아래를 뒤집어주고 높은 온도에서 단시간에 튀겨내는 것이 중요하다. 수분과 유분이 많은 부드러운 반죽의 표면을 가볍게 튀겨 굳힌 뒤 뒤집으면, 폭신하고 볼륨감이 있어져 씹는 맛도 좋아진다.

생도넛

믹싱
저속 1분 → 저중속 4분 → 중고속 2분 →
고속 3분 / 반죽 완성 온도 24℃

냉동·1차 발효
급속냉동고·30분 →
0℃·습도 70%·하룻밤(최저 12시간)

분할·둥글리기·찬기빼기
50g → 실온(18℃)·40분(중심 온도 18℃)

성형
링 모양

최종 발효
30℃·습도 70%·40분

튀기기
베이킹용 참기름&포도씨유(180℃)
바로 위아래를 뒤집어 → 50초 →
위아래를 뒤집어 50초~1분 →
양면을 튀겨 색을 조절 10초

셰프 다나카 신지
1979년 효고현 출생. '듄 라르테'(도쿄·아오야마)에서 6년간 근무 후 2009년에 초대 대표·우에노 마사토 씨와 함께 이케지리 오하시에 'TOLO PAN TOKYO'를 개업, 셰프로 취임했다. 2010년 세타가야다이타에 'TOLO COFFEE&BAKERY'를 열고 현재는 총괄 셰프 겸 베이커리 수석연구원으로 빵 연구에 주력하며 베이커리 컨설턴트와 강의 활동도 겸업하고 있다.

INGREDIENTS (가루 4kg 반죽, 180개분)

강력분('카멜리아' 닛신제분) … 4000g / 100%
전분('네오트러스트®' J-오일밀즈) … 120g / 3 %
물 … 1200g / 30%
버터(실온 상태) … 1200g / 30%
우유 … 1400g / 35%
소금 … 72g / 1.8%
상백당 … 320g / 8%
트레할로스('트레하®' 하야시바라) … 320g / 8 %
달걀노른자 … 1200g / 30%
바닐라 페이스트 … 48g / 1.2%
동백 효모종('고토츠바키효모' 고토노츠바키) … 40g / 1 %
튀김유* … 적당량
그래뉴당(마무리용) … 적당량
* 베이킹용 참기름과 포도씨유를 2대3 비율로 섞어 둔 것.

1 전분, 물, 버터를 푸드 프로세서로 곱게 간다.
→ 전분은 수분과 유분을 흡수하는 특성이 있기 때문에, 먼저 전분과 물, 버터를 휘저어 섞어 수분과 유분을 흡수시켜 둔다.

2 믹싱볼에 우유, 소금, 상백당, 트레할로스, 달걀노른자, 바닐라 페이스트를 넣고 거품기로 설탕과 소금이 완전히 녹을 때까지 섞는다.

3 **2**에 **1**을 넣은 다음 강력분, 동백 효모종을 순서대로 넣는다. 버티컬믹서로 저속에서 1분, 저중속으로 4분, 중고속으로 2분, 고속으로 3분간 반죽한다. 반죽이 볼 바닥에서 떨어지면 완성이다. 반죽 완성 온도는 24℃.

4 오븐팬에 반죽을 올리고 비닐 시트로 감싼다. 반죽 온도가 0℃까지 떨어지도록 급속냉동고에 30분간 넣은 다음, 0℃·습도 70%의 도우콘에서 하룻밤(최저 12시간) 1차 발효한다.

5 50g씩 분할하고 둥글리기 한 뒤 실온(18℃)에 40분 정도 두어 반죽의 중심 온도가 18℃가 될 때까지 찬기를 뺀다.

6 둥글리기한 반죽의 가운데 엄지손가락을 넣고 구멍이 1~2cm 정도 되도록 반죽을 바깥쪽으로 서서히 펼친다. 도넛의 총 지름이 6~7cm가 되게 다듬는다.

7 오븐팬에 베이킹 시트를 깔고 도넛을 가지런히 올린다. 30℃ 습도 70%의 도우콘에서 40분간 최종 발효한다.

8 냄비에 튀김유를 넣고 180℃로 가열한다. 도넛을 넣고 바로 위아래를 뒤집어 50초간 튀긴다. 위아래를 뒤집어 50초~1분간 튀긴다. 양면의 색이 노릇노릇해지도록 마지막에 10초 더 튀기며 색을 조절한다.

9 식힘망에 올리고 바로 그래뉴당을 입힌다.

만들고 싶었던 도넛은?

2017년 홋카이도 비에이에 빵과 디저트 그리고 요리를 판매하는 '페름 라테루 비에이'를 오픈하면서 홋카이도와 인연이 깊어져 블랑제리 라테루에서도 홋카이도의 식재료를 활용한 메뉴를 다수 판매한다. '감자도넛 플레인'도 홋카이도를 테마로 한 상품 중 하나다. 달콤함과 짭짤함 두 가지 입맛을 모두 잡을 수 있는 베이커리만의 반죽을 만들고자 했다. 밀가루는 찰진 식감을 내는 봄밀 하루요코이 100%('미치하루' 기다제분)와 단맛이 풍부한 가을밀 기타노카오리를 동량으로 섞어 사용한다. 여기에 홋카이도산 감자 플레이크를 추가해 촉촉하고 쫀득한 맛으로 완성했다. 설탕은 가루의 10% 정도로 절제해 다양한 맛으로 응용하기 쉽다.

촉촉함과 쫄깃함의 비밀은?

바삭한 케이크 도넛과는 다르게 빵과 같은 탄력과 쫄깃함이 살아 있는 도넛을 만들고 싶어 밀가루는 강력분을 사용했다. 유지방은 버터 대신 콩으로 만든 두유크림버터를 넣어 식감이 가볍고 건강하다. 속이 폭신폭신해지지 않도록 1차 발효는 거의 하지 않는다. 또 최종 발효의 온도가 너무 높으면 건조해져 튀길 때 모양이 흐트러질 수 있으니 25℃의 낮은 온도에서 1시간 20분~30분간 발효한다. 과발효한 반죽은 기름을 쉽게 흡수하므로 조금 빨리 마무리한다. 튀길 때는 170℃의 현미유에 손으로 한 개씩 넣고 튀겨야 반죽 표면을 깔끔하게 만들 수 있다. 윗면과 아랫면 사이에 하얀 띠가 생기면 완벽한 튀김 색과 볼륨감이 나온다.

감자도넛 플레인

믹싱
저속 3분 → 중속 4분 → 고속 4분 →
두유크림버터를 넣고 중속 3분 → 고속 2분 /
반죽 완성 온도 24~26℃

1차 발효
실온(25℃, 이하 동일)·15분

분할·둥글리기
70g·원통형

냉동·찬기빼기
냉동고(-20℃) → 실온·1시간(중심 온도 18℃)

성형
3절 접기 1회·2절 접기 1회 → 링 모양

최종 발효
25℃·습도 75%·1시간 20~30분

튀기기
현미유(170℃) 2분 → 위아래를 뒤집어 2분

INGREDIENTS (가루 1kg 반죽, 30개분)

홋카이도산 강력분('미치하루' 기다제분) … 500g / 50%
홋카이도산 강력분('기타노카오리' 요코야마제분) … 500g / 50%
홋카이도산 감자 플레이크('잉카노메자메플레이크' 다이모우) … 100g / 10%
홋카이도산 바다 소금 ('오호츠크소금' 츠라라) … 18g / 1.8%
홋카이도산 사탕무당 ('사탕무설탕' 다이토제당) … 50g / 5 %
그래뉴당 … 50g / 5 %
생이스트 … 40g / 4 %
효소계 개량제('이비스아주르' 르사프르) … 10g / 1 %
아카시아 벌꿀 … 50g / 5 %
가당 달걀노른자(가당 20%) … 50g / 5 %
홋카이도산 저지우유(팜즈치요다) … 350g / 35%
물 … 360g / 36%
두유크림버터('소이레부르' 후지세이유)* … 60g / 6 %
현미유('시라시메유' 오리자오일) … 적당량
도넛 슈거(마무리용) … 적당량
* 냉동 상태의 제품을 1cm 두께로 잘라, 실온(25℃, 이하 동일)에 두고 부드럽게 만든다.

1. 믹싱볼에 두유크림버터 이외의 재료를 모두 넣는다. 스파이럴 훅을 끼운 버티컬믹서에서 저속 3분, 중속 4분, 고속으로 4분간 믹싱한다.
2. 실온 상태로 만든 부드러운 두유크림버터를 넣고 중속 3분, 고속으로 2분간 믹싱한다. 글루텐이 얇은 막 상태로 늘어날 정도가 되면 완성이다. 반죽 완성 온도는 24~26℃.
3. 반죽을 보관함에 넣고 실온에서 15분간 1차 발효한다.
4. 반죽을 작업대 위에 올리고 70g씩 분할한 뒤 원통형으로 성형한다.
5. 알루미늄판에 가지런히 올리고 비닐 시트를 씌워 -20℃의 냉동고에서 얼린다. 냉동고에서 꺼내 실온에 두어 중심 온도가 18℃가 될 때까지 1시간 정도 찬기를 뺀다.
6. 반죽을 두드려 평평하게 만들고 바게트 만드는 방법과 동일하게 성형한다. 반죽을 세로로 길게 두고 우선 앞쪽에서 안으로 바깥쪽에서 안으로 3절 접기를 한 뒤 이음매를 누른다. 바깥쪽에서 안으로 2절 접기를 한 다음 이음매를 꼬집어 붙인다. 반죽을 굴려 20cm 길이로 다듬는다.
7. 한쪽 끝을 납작하게 누르고 납작한 부분이 반대쪽 반죽을 감싸듯이 꼬집어 붙인다.
8. 캔버스 매트에 나란히 올리고 25℃·습도 75%의 발효기에서 1시간 20~30분간 최종 발효한다.
9. 실온에 3~5분간 두어 표면을 건조한다. 현미유를 넣고 170℃로 가열한 튀김기에 도넛을 넣어 양면을 2분씩 튀긴다.
10. 식힘망에 올려 기름기를 뺀다. 잔열을 식히며 완전히 식기 전에 도넛 슈거를 묻힌다.

셰프 네즈 요시노리
1968년 야마나시현 출생. 고향의 베이커리에서 근무한 후 21세에 상경. 도쿄전일공호텔(현 도쿄 ANA인터콘티넨탈호텔)에서 경험을 쌓았다. 더 페닌슐라 도쿄의 베이커리 셰프를 거쳐 2021년 블랑제리 라테루의 셰프로 취임했다.

만들고 싶은 베녜의 모습은?

크게 한입 베어 물면 입안 가득 버터의 풍미가 퍼져나가는 베녜(194엔)는 크림이 들어간 제품을 포함해 총 4가지가 있다. 반죽은 브리오슈처럼 고소하고 감칠맛이 풍부하지만 농후한 크림 파티시에를 가득 채워도 무겁지 않고, 크림과 함께 입안에서 녹아내리는 부드러운 식감을 구현하고자 했다. 가게에서 판매 중인 브리오슈 반죽보다 가볍고 보드라우며 크림빵에 사용하는 과자빵 반죽보다는 기름지고 촉촉한 상태로 만들기 위해 버터의 양은 브리오슈 반죽과 과자빵 반죽의 중간인 가루 대비 30% 분량으로 배합했다. 주요 수분 재료인 우유로 크리미한 향과 부드러운 질감을 더하고 비정제 설탕을 사용해 밀가루의 풍미를 올리면서 감칠맛을 보충했다.

부드러운 식감을 만드는 노하우

수분량이 많은 반죽을 튀기면 식감이 부드러워져 가수율을 75%로 조절했다. 흡수를 높이기 위해 탕종을 사용했더니 찰기가 강해져서 가루 대비 5% 분량의 쌀 탕겔을 첨가했다. 가루는 박력분뿐만 아니라 흡수성이 높은 강력분도 사용한다. 가벼운 반죽을 만들고 싶어 동량으로 테스트해 봤으나 탄력이 부족하고 볼륨감도 나오지 않아 강력분과 박력분의 비율을 7대3으로 조정했다.

더 부드럽게 만들려면 냉장고에서 하룻밤 오토리즈시키는 것도 중요하다. 효모종은 생이스트에 르방종을 더해 pH를 낮추고 글루텐 형성을 약화해 가볍게 씹히면서 질기지 않은 반죽을 완성했다.

베녜

믹싱
저속 5분 → 중속 6분 →
오토리즈 / 냉장고(5℃)·하룻밤 →
생이스트, 르방종,
쌀 탕겔을 넣고 저속 1분 →
버터를 넣고 저속 7분 → 중속 4분 /
반죽 완성 온도 15℃

1차 발효
실온(22~23℃, 이하 동일)·30~40분

분할·둥글리기
60g

냉동·찬기빼기
냉동고(-4℃) →
실온·1시간(중심 온도 20℃)

성형
둥근 모양

최종 발효
28℃·습도 75%·2시간 30분~ →
실온·10분

튀기기
카놀라유(160℃) 3분 →
위아래를 뒤집어 3분

오너 셰프 미우라 히로시
1979년 오카야마현 출생. 오카야마현 내 블랑제리 카페, '루트271'(오사카·우메다) 등에서 10여 년간 수학했다. 2016년 독립, 하드 계열 빵을 중심으로 한 더 루츠 네이버후드 베이커리를 개업하고 22년 9월에 리뉴얼 오픈했다.

INGREDIENTS (가루 1kg 반죽, 40개분)

A
홋카이도산 박력분('시리우스' 닛픈) … 300g / 30%
강력분('파노베이션' 닛픈) … 700g / 70%
소금 … 18g / 1.8%
비정제 설탕 … 100g / 10%
우유 … 500g / 50%
가당 달걀노른자(가당 20%) … 300g / 30%

B
생이스트 … 30g / 3%
르방종*1 … 100g / 10%
쌀 탕겔*2 … 50g / 5%

버터*3 … 300g / 30%
카놀라유 … 적당량
설탕*4(마무리용) … 적당량

*1 원종은 2016년 개업 당시 호밀가루로 만든 것을 사용한다. 씨앗 르방은 1일 1회 만든다. 믹싱볼에 원종 600g 준강력분('클래식' 닛픈) 1kg, 물 550g, 몰트 시럽 10g을 넣고 스파이럴믹서로 저속에서 6분간 섞는다. 실온(22~23℃)에 5시간 정도 둔 후 냉장 보관한다.
*2 (이하, 만들기 쉬운 분량) 볼에 90℃의 물 300g을 넣는다. 쌀가루 100g을 한 번에 넣고 거품기로 매끄러워질 때까지 골고루 섞는다. 잔열이 식으면 랩을 씌워 냉장고에서 식힌다.
*3 실온 상태로 부드럽게 만든다.
*4 그래뉴당과 슈거파우더를 2대1 비율로 섞어둔다.

1 믹싱볼에 재료 **A**를 넣고 스파이럴믹서(이하 동일)로 저속 5분, 중속으로 6분간 믹싱한다. 반죽을 반죽 보관함에 넣고 랩을 씌운 후 뚜껑을 덮어 5℃의 냉장고에서 하룻밤 둔다.

2 본반죽. 믹싱볼에 **1**과 재료 **B**를 넣고 저속으로 1분간 섞는다. 버터를 넣고 저속 7분, 중속 4분간 믹싱한다. 반죽 완성 온도는 15℃.

3 반죽을 보관함에 넣고 실온(22~23℃, 이하 동일)에서 30~40분간 1차 발효한다.

4 반죽을 작업대에 올리고 60g씩 분할한 다음 둥글리기 한다. 반죽을 냉동 철판에 나란히 올리고 -4℃의 냉동고에서 얼린다. 냉동고에서 꺼내 실온에 두고 1시간 정도 중심 온도가 20℃가 될 때까지 찬기를 뺀다.

5 반죽을 작업대에 올리고 손으로 굴려 둥글게 성형한다. 나무판에 면포를 깔고 반죽을 가지런히 올린다. 28℃·습도 75%의 도우콘에서 2시간 30분간 최종 발효한다.
→ 계절에 따라 발효 정도가 달라질 수 있으니 반죽의 상태를 보고 도우콘에서 꺼낸다. 발효 후 반죽의 크기가 발효 전보다 2.5배 커져 있으면 완성이다.

6 실온에 10분간 두어 표면을 말린다.

7 카놀라유를 넣고 160℃로 가열한 냄비에 도넛을 넣어 3분간 튀기고 위아래를 뒤집어 3분 더 튀긴다.

8 식힘망에 올려 기름기를 빼고 잔열이 식으면 반죽 전체에 설탕을 뿌린다.

만들고 싶었던 도넛은?

쫄깃 도넛 플레인은 2014년 가나가와현 모토스미요시점의 오픈 기념상품으로 개발한 도넛이다. 폭넓은 고객층을 만족시킬 수 있는 빵이 무엇일까 궁리를 거듭한 끝에 '밀의 풍미가 진하게 느껴지는 쫄깃한 도넛'을 떠올렸다. 우리 매장에서는 반죽 자체의 맛을 음미해 볼 수 있도록 그래뉴당을 입힌 '플레인', '콩가루슈거', 휘핑크림을 넣은 '쫄깃 도넛 샌드'같이 구성이 심플한 도넛을 판매한다. 한편 자체 응용 메뉴를 판매하는 매장도 있는데 그중에는 '쿠키크림 도넛' 같은 기간 한정 메뉴도 있다. 도넛은 모든 매장에서 사랑받는 인기 상품으로 본 매장에서는 많을 때 하루 총 200개가 판매되기도 한다.

탕종을 사용한 이유는?

밀의 풍미가 제대로 살아 있는 반죽을 만들기 위해 탕종으로 쫄깃하고 찰기가 강한 식감을 만들었다. 탕종용 물은 팔팔 끓이는 것이 포인트다. 고가수 반죽이라서 시간을 들여 천천히 믹싱해야 떡처럼 윤기가 나고 끈기 있는 반죽이 완성된다. 부드러운 반죽이니 성형 후에는 냉동시켜 단단하게 만든다. 튀기기 전까지 이틀이 걸리지만 이러한 과정을 거쳐야지 탕종을 사용해도 무겁지 않고 먹기 편한 도넛을 만들 수 있다. 튀길 때도 노하우가 필요하다. 냉동고에서 꺼내 도우콘에서 찬기를 빼며 표면을 완전히 말린다. 이렇게 하면 반죽에 불필요한 기름이 흡수되지 않는다. 또한, 양귀비씨를 곁들이면 씹을 때 입안으로 고소한 향이 퍼져나가 물리지 않는다.

쫄깃 도넛 플레인

탕종 만들기
저속 2분 → 중속 2분 →
냉장고(5℃)에서 하룻밤 이상 둔다

믹싱
저속 3분 → 중속 7분 → 고속 8~10분 /
반죽 완성 온도 약 26℃

1차 발효
약 28℃ · 습도 80% · 1시간

분할 · 둥글리기
80g · 원통형

벤치 타임
약 28℃ · 습도 80% · 1시간

성형
링 모양

냉동
냉동고(-10℃) · 1~2시간

최종 발효
36℃ · 습도 80% · 1시간

튀기기
식용유(180℃) 2분 →
위아래를 뒤집어 2분

INGREDIENTS (24개분)

탕종(만들기 쉬운 분량)
강력분('카멜리아' 닛신제분) … 1000g
소금 … 50g
뜨거운 물*1 … 620g

본반죽
강력분('카멜리아' 닛신제분) … 700g
인스턴트 드라이이스트(사프 · 레드) … 9g
소금 … 5g
그래뉴당 … 20g
몰트*2 … 6 g
탕종(미리 만들어 둔 것) … 615g
물 … 500g
효소계 개량제('이비스아주르' 르사프르) … 5g
쇼트닝 … 60g

양귀비씨 … 적당량
식용유 … 적당량
그래뉴당(마무리용) … 적당량

*1 완전히 끓인다.
*2 몰트와 동량의 물을 섞어 희석해 사용한다.

1 탕종 만들기. 믹싱볼에 탕종용 재료를 넣고 버티컬믹서로 저속 2분, 중속으로 2분간 믹싱한다. 반죽을 실온(25℃)에 두고 잔열이 식으면 랩을 씌워 냉장고(5℃)에서 하룻밤 이상 둔다.

2 본반죽. 믹싱볼에 본반죽용 재료를 넣고 버티컬믹서로 저속 3분, 중속 7분, 고속으로 8~10분간 믹싱한다. 반죽 완성 온도는 26℃.
→ 반죽에 윤기가 나고 떡처럼 늘어나는 상태가 되면 완성이다.

3 반죽을 보관함에 넣고 약 28℃ · 습도 80%의 도우콘에서 1시간 동안 1차 발효한다.

4 반죽을 작업대에 올리고 80g씩 분할한 뒤 원통 모양으로 성형한다. 약 28℃ · 습도 80%의 도우콘에서 1시간 벤치 타임을 갖는다.

5 손으로 굴려 긴 막대 모양으로 만들고 양 끝을 가볍게 꼬집어 붙여 링 모양을 만든다.

6 표면에 양귀비씨를 뿌리고 반죽이 완전히 굳을 때까지 1~2시간 냉동한다.

7 36℃ · 습도 80%의 도우콘에서 1시간 최종 발효한다.

8 실온에 10분간 두어 반죽 표면을 말린다. 식용유를 넣고 180℃로 가열한 튀김기에 도넛을 넣어 2분간 튀기고 위아래를 뒤집어 2분간 튀긴다.

9 식힘망에 올려 기름기를 빼고 잔열이 식으면 도넛 전체에 그래뉴당을 골고루 묻힌다.

점장 야마모토 유우키
1991년 니가타현 출생. 본고장 베이커리에서 수학하고 ㈜동크에 입사. 니가타현과 도쿄 시내의 가게에서 경험을 쌓고, 도내의 여러 베이커리에서 근무했다. 고객과 친근하게 소통하는 점에 이끌려 2019년 '블랑제리 보누르'에 들어온 뒤 21년부터 점장으로 근무 중이다.

세튜누봉니데

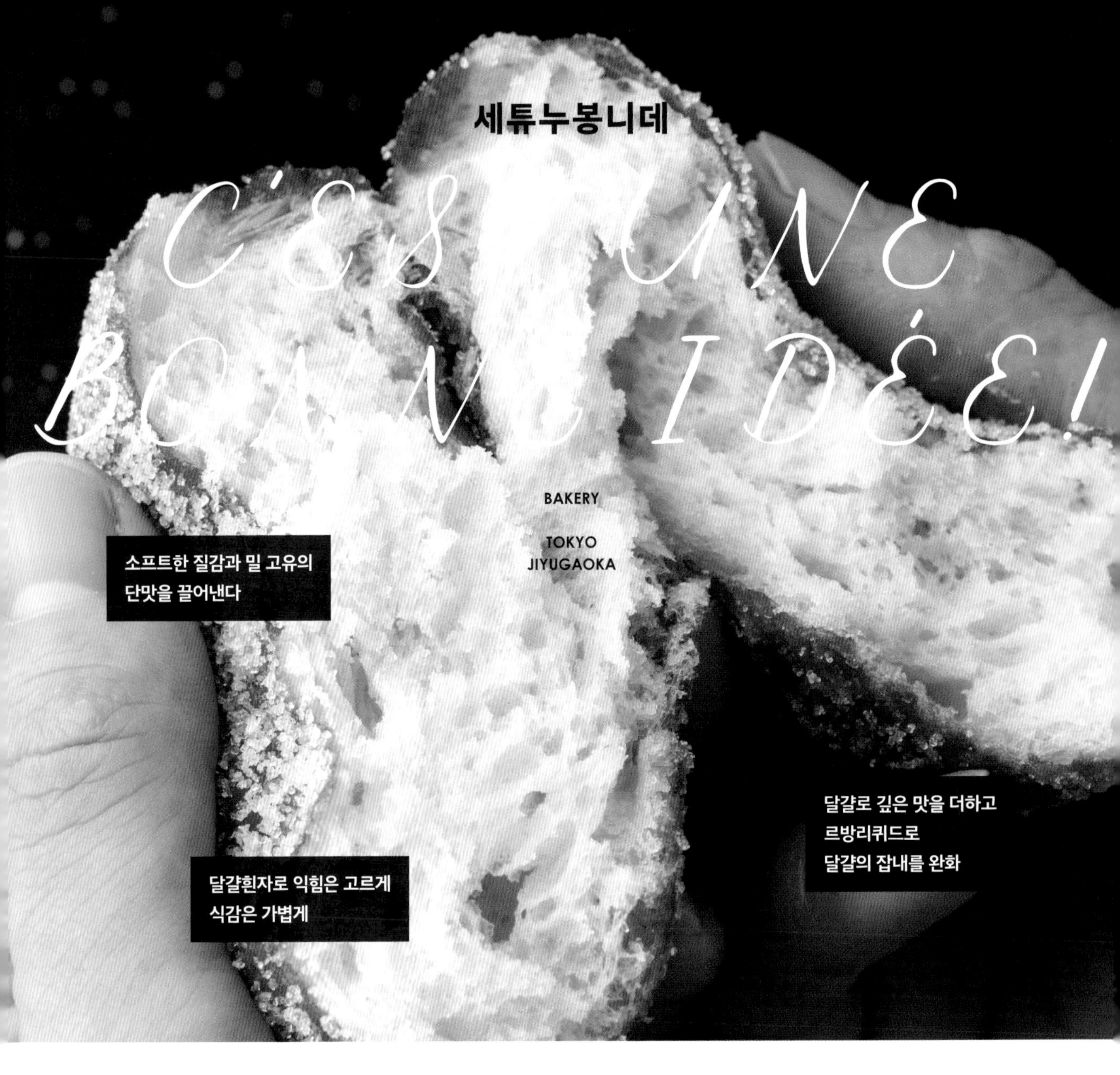

만들고 싶었던 말라사다는?

말라사다(237엔)는 입지에 비해 특색 있는 빵을 선보이는 무코가오카유엔 본점에서 아이들이 좋아할 만한 빵을 만들고 싶어 개발한 제품이다. 국내산 재료를 고집하는 가게라서 말라사다도 국산 재료를 사용하고 필링도 고품질의 재료만을 선정해 만들었다. 반죽은 일본산 밀 특유의 향과 단맛을 이끌어내기 위해 '유메카오리'와 '하나만텐100'(모두 마에다식품)을 블렌딩했다. 링 모양의 도넛과 달리 말라사다는 구멍이 없기 때문에 반죽의 양이 많게 느껴질 수 있다. 부담 없이 즐길 수 있는 반죽 만들기에 집중한 결과 입안에서 부드럽게 녹아 삼키기 쉬운, 한 개 더 먹고 싶어지는 말라사다를 만들었다. 또한 기름진 도넛은 금세 물리기 때문에 현미유를 사용해 깔끔하게 튀겨냈다.

강력분을 두 종류 사용하는 이유는?

'유메카오리'만을 사용하면 식감은 부드럽지만 반죽이 너무 가벼워지는 경향이 있다. 그래서 '하나만텐'을 넣었더니 은은한 단맛과 탄력이 더해져 반죽의 존재감이 살아났다. 일본산 밀은 쫄깃해지는 특성이 있기 때문에 필요 이상으로 탄력이 생기지 않도록 반죽에 달걀을 첨가했다. 달걀흰자가 들어가면 반죽이 고루 익고 식감이 쫄깃해지지 않는다. 달걀 잡내는 르방리퀴드와 혼와향당으로 잡았다. 만들 때 주의할 점은 제대로 믹싱하는 것이다. 이때, 반죽에 기포가 많이 생겨 식감은 좋아지지만 튀길 때 기포방울 때문에 볼록해질 수 있다. 기포가 생기지 않도록 버터를 섞은 후 생크림과 우유를 넣어 반죽을 느슨하게 만들거나 펀치할 때 반죽을 잘 둥글려 가볍게 가스를 빼주는 것이 중요하다.

말라사다 플레인

믹싱
저속 2분, 중속 15분, 고속 3분 →
버터를 넣고, 중속 15분, 고속 3분 →
생크림과 우유를 넣고,
저속 2분, 중속 5분, 고속 2분 /
반죽 완성 온도 22~24℃

냉동·분할·둥글리기
냉동고(-20℃)·1시간 → 60g

냉동·찬기빼기
냉동고(-20℃)에 보관 →
튀기기 전날에 리타더 프루퍼*(0~3℃)
하룻밤 (중심 온도 3℃)
* 리타더 프루퍼:유럽형 냉동 생지 발효기.-옮긴이

1차 발효
28℃·습도 80%·40분~1시간

펀치
1회

벤치 타임·성형
28℃·습도 80%·30분 → 둥근 모양

최종 발효
28℃·습도 80%·1시간

튀기기
현미유(180℃) 2분 30초 →
위아래를 뒤집어 2분 30초

셰프 아리카 타스케
1985년 도쿄에서 태어났다. (주) Pompadour에서 7년간 경험을 쌓고, 25세에 도쿄·오모테산도 '듄 라르테'에 입사. 프랑스 연수를 거쳐 2013년 '세튜누봉니데'(가나가와·무코가오카유엔)의 셰프로 취임했다. 2021년 12월 지유가오카에 2호점을 오픈했다.

INGREDIENTS (가루 8kg 반죽, 310개분)

이바라키현산 강력분
('유메카오리' 마에다식품) … 7200g / 90%
사이타마현산 강력분
('하나만텐100' 마에다식품) …
800g / 10%
달걀 … 3200g / 40%
물 … 2240g / 28%
혼와향당 … 1440g / 18%
소금 … 120g / 1.5%
인스턴트 드라이이스트
(사프·골드)*[1] … 96g / 1.2%
미지근한 물(40℃)*[1] … 800g / 10%
르방리퀴드 … 800g / 10%
씨누룩*[2] … 120g / 1.5%
버터(얇게 썬 것, 차가운 상태) … 1200g / 15%
생크림(유지방분 35%) … 640g / 8%
우유 … 480g / 6%
현미유 … 적당량
비트 그래뉴당(마무리용) … 적당량

*[1] 볼에 인스턴트 드라이이스트와 40℃의 미지근한 물을 넣고 섞어둔다.
*[2] 미리 띄워둔 씨누룩 1에 대해 미지근한 물 1, 감주용 쌀누룩(생누룩·오타야마) 0.5, 쌀로 지은 밥(쓰야히메) 2.5의 비율로 섞는다. 30℃에서 하룻밤 재우고, 15℃에서 6시간 더 숙성한 후 믹서로 매끄러운 상태가 될 때까지 갈아 사용한다.

1 믹싱볼에 달걀, 물, 혼와향당, 소금을 넣고 강력분, 미지근한 물에 녹인 이스트, 르방리퀴드, 씨누룩을 순서대로 넣는다. 스파이럴 훅을 끼운 버티컬믹서에서 저속 2분, 중속 15분, 고속으로 3분간 믹싱한다.

2 반죽이 믹싱볼의 옆면에서 떨어지면 냉장고에서 얇게 썬 버터를 꺼내 넣고 중속 15분, 고속 3분간 믹싱한다.

3 생크림과 우유를 넣고 저속 2분, 중속 5분, 고속으로 2분간 믹싱한다. 반죽을 늘렸을 때 글루텐이 얇은 막 상태로 늘어나면 완성이다. 반죽 완성 온도는 22~24℃.

4 냉동 철판에 한 덩어리로 만든 반죽을 올리고 비닐 시트로 감싸 냉동고(-20℃, 이하 동일)에 1시간 동안 둔다.
→ 냉동고에서 보관하면 부드러운 반죽이 단단해져 성형하기 쉽고 반죽의 온도가 내려가 천천히 발효된다.

5 60g씩 분할한 뒤 둥글리기한다. 다시 냉동 철판에 가지런히 올리고 비닐 시트로 감싼 다음 냉동고에 넣어 완전히 얼린다. 튀기기 전날 리타더 프루퍼(0~3℃)에 넣어 하룻밤 동안 반죽의 중심 온도가 3℃가 될 때까지 찬기를 뺀다.

6 28℃·습도 80%의 도우콘(이하 동일)에서 40분~1시간 동안 1차 발효한다.

7 반죽을 작업대에 올려 동그랗게 매만진다(펀치). 도우콘에서 30분간 벤치 타임을 갖는다.
→ 손에 가볍게 힘을 주면서 동그랗게 매만지면 반죽 속의 가스가 빠져 반죽이 울퉁불퉁해지는 것을 방지한다.

8 반죽을 작업대에 올리고 가볍게 둥글리기한다. 이음매를 확실히 꼬집어 붙이고 도우콘에서 1시간 최종 발효한다.

9 현미유를 넣고 180℃로 가열한 튀김기에 도넛을 넣어 2분 30초간 튀기고 위아래를 뒤집어 2분 30초 더 튀긴다.

10 식힘망에 올리고 실온(20~25℃)에 15분간 두어 표면을 건조한다. 비트 그래뉴당을 골고루 묻힌다.

도넛 북 The Donut Book

발행일 2025년 6월 10일 초판 1쇄 발행
엮은이 시바타쇼텐
옮긴이 김유미
발행인 강학경
발행처 시그마북스
마케팅 정제용
에디터 최윤정, 양수진, 최연정
디자인 정민애, 강경희, 김문배

등록번호 제10-965호
주소 서울특별시 영등포구 양평로 22길 21 선유도코오롱디지털타워 A402호
전자우편 sigmabooks@spress.co.kr
홈페이지 http://www.sigmabooks.co.kr
전화 (02) 2062-5288~9
팩시밀리 (02) 323-4197
ISBN 979-11-6862-367-5 (13590)

撮影　馬場わかな（下記以外）
天方晴子（P.20、86-99、139、144-145、148-151）
川島英嗣（P.121-125）
安河内聡（P.139-141、146-147）
佐々木孝憲（P.139、142-143）
デザイン　三上祥子（Vaa）
取材　村山知子（P.86-99）
坂根涼子（P.122-125）
諸隈のぞみ（P.139、144-145）
松野玲子（P.139、148-149）
笹木理恵（P.139、150-151）
編集　井上美希（柴田書店）

* 시그마북스는 (주) 시그마프레스의 단행본 브랜드입니다.